"十四五"职业教育部委级规划教材
浙江省第一批省级课程思政示范课程
校企合作中高职一体化教材

华丽霞 黎静萍 吴义祥◎主编

包家鸣 惠致烨 李 响◎副主编

时尚礼品设计

中国纺织出版社有限公司

内 容 提 要

本书将中华优秀传统文化与不同材质工艺礼品设计作为课程教学目标与实施任务，以实际教学案例为出发点，详细记录优秀礼品设计开发过程，从文化元素解析、设计创新思维方法、设计表达、材料与工艺分析、作品评价、时尚礼品案例方面编写教材。本书注重实用性与现实可操作性，最终为广大学生提供翔实、可行的礼品设计创作方法，推动学生勇敢创新，传承优秀传统文化，进而探索创新文化产品的新思路。

本书可以作为产品设计、工业设计等专业课程用教材，也可以供职业设计师及无产业背景的设计院校参考使用。

图书在版编目（CIP）数据

时尚礼品设计 / 华丽霞，黎静萍，吴义祥主编 . --
北京：中国纺织出版社有限公司，2023.11
"十四五"职业教育部委级规划教材
ISBN 978-7-5229-1209-7

Ⅰ . ①时…　Ⅱ . ①华…　②黎…　③吴…　Ⅲ . ①礼品－
设计－高等职业教育－教材　Ⅳ . ① TB472

中国国家版本馆 CIP 数据核字（2023）第 213927 号

责任编辑：宗　静　　特约编辑：朱静波
责任校对：高　涵　　责任印制：王艳丽

中国纺织出版社有限公司出版发行
地址：北京市朝阳区百子湾东里 A407 号楼　邮政编码：100124
销售电话：010—67004422　传真：010—87155801
http://www.c-textilep.com
中国纺织出版社天猫旗舰店
官方微博 http://weibo.com/2119887771
北京通天印刷有限责任公司印刷　各地新华书店经销
2023 年 11 月第 1 版第 1 次印刷
开本：787×1092　1/16　印张：12.25
字数：200 千字　定价：68.00 元

前言
PREFACE

时尚礼品是人们表达善意、敬意的方式。时尚礼品设计依托中华优秀传统文化，以文化驱动创意，物化中国传统礼文化，并运用设计语言去传承创新优秀传统文化，从而实现文化自豪、商业自醒、技术自强和职业自信。

本书从时尚礼品创意设计的职业岗位技能需求出发，将中华优秀传统文化与不同材质礼品设计作为课程的教学内容，结合企业真实项目经验，详细记录优秀礼品设计开发全过程。从文化元素解析、设计创新思维方法、设计表达、材料与工艺分析、作品评价等方面编写设计案例，从而推动中华优秀传统文化的创造性转化和创新性发展。

本书共有七章。第一章时尚礼品设计概述，包括时尚礼品设计定义、传统手工艺和时尚礼品设计、装饰艺术风格与时尚产品设计、非物质文化遗产时尚化表达的设计方法与流程。第二章至第六章介绍五种不同材质类型礼品设计的文化解读及设计实践中应掌握的设计流程与方法，分别为时尚树脂礼品、时尚金属首饰礼品、时尚竹编礼品、时尚木制礼品和时尚陶瓷礼品。第七章为不同材质类型礼品设计的案例赏析。通过七章内容，详细解析了礼品设计的创新思维要求和专业技能要点，并通过案例赏析，使学生能够掌握时尚礼品设计的工作技能与方法，学会举一反三，融会贯通。本书在解析完各章理论和实践案例之后，辅之以教学视频等作为拓展学习的资料，适合项目式任务驱动的教学要求。

　　本书面向市场、聚焦转化，以产业的视角讲解各类材料和工艺的礼品设计过程。书中的树脂、金属、竹编、木材和陶瓷等材料工艺的产品设计案例，既有当代设计学的专业知识，也是对非遗文化的解读和传承，亦可作为大众的科普读物。

华丽霞

2023 年 3 月

配套教学视频资源目录

序号	微课名称	页码
1	时尚礼品设计基本概念	003
2	旅游纪念品的分类	007
3	文旅产品的设计原则与设计流程	009
4	品读潮玩文化	016
5	课后训练答案	023
6	元素提取	027
7	潮玩设计方案表现	027
8	潮玩建模	029
9	材质工艺介绍	033
10	树脂翻模	036
11	生产流程和成品展示	036
12	景泰蓝工艺	047
13	花丝镶嵌（1）	054
14	花丝镶嵌（2）	054
15	设计元素提炼及符号化应用	057
16	建模（1）	060
17	建模（2）	060
18	建模（3）	060
19	建模（4）	060
20	渲染	060
21	工艺实操	072
22	工艺要点（1）	072
23	工艺要点（2）	072
24	时尚礼品设计专题设计：2022杭州亚运会礼品创意设计（1）	088
25	时尚礼品设计专题设计：2022杭州亚运会礼品创意设计（2）	088
26	时尚礼品设计专题设计：2022杭州亚运会礼品创意设计（3）	088
27	时尚礼品设计专题设计：2022杭州亚运会礼品创意设计（4）	088
28	2022杭州亚运会礼品竹编花瓶三维模型	094
29	2022杭州亚运会礼品竹编纹样设计表现	094
30	竹编基础编织技法	103

续表

序号	微课名称	页码
31	木制加工工艺和榫卯结构	115
32	木制礼品手绘草图（1）	122
33	木制礼品手绘草图（2）	122
34	木制礼品建模	125
35	木雕工艺	130
36	解读陶瓷专题文化	140
37	国家级技能大师占绍林工作室揉泥教学	141
38	国家级技能大师占绍林工作室拉坯教学	142
39	陶艺制作拉坯成型技法	142
40	陶艺制作装饰技法	148
41	义乌工商职业技术学院创意设计学院课堂教学陶艺技法	148
42	茶具方案设计构思	152
43	茶壶建模案例	157
44	犀牛建模茶叶罐	157
45	茶具方案工艺实操流程	161
46	陶艺制作注浆成型法	161

目 录
CONTENTS

第一章　时尚礼品设计概述   **001**

第一节　时尚礼品设计定义   002

第二节　传统手工艺和时尚礼品设计   003

第三节　装饰艺术风格与时尚产品设计   005

第四节　非物质文化遗产时尚化表达的设计方法与流程   007

第二章　时尚树脂礼品设计实务   **011**

第一节　设计探源解文化   013

第二节　设计创新构方案   023

第三节　设计优化验工艺   030

第四节　设计转化评作品   037

第三章　时尚金属首饰礼品设计实务   **041**

第一节　设计探源解文化   043

第二节　设计创新构方案   054

第三节　设计优化验工艺　　061

第四节　设计转化评作品　　072

第四章　时尚竹编礼品设计实务　　077

第一节　设计探源解文化　　080

第二节　设计创新构方案　　084

第三节　设计优化验工艺　　094

第四节　设计转化评作品　　103

第五章　时尚木制礼品设计实务　　107

第一节　设计探源解文化　　110

第二节　设计创新构方案　　116

第三节　设计优化验工艺　　125

第四节　设计转化评作品　　131

第六章　时尚陶瓷礼品设计实务　　133

第一节　设计探源解文化　　135

第二节　设计创新构方案　　149

第三节　设计优化验工艺　　157

第四节　设计转化评作品　　162

第七章　案例赏析　　165

参考文献　　186

第一章 时尚礼品设计概述

第一节　时尚礼品设计定义

一、时尚

时尚，英文为"Fashion"，在字典中，作为名词是指"特殊的形式或形状"；作为动词代表"去制造"（to Make）的意思。"Fashion"最早从拉丁文"Factio"演变而来，意思为制造或"去做"（Doing）。时尚泛指在某一段时间里，一群人同时进行着类似的大众传播的活动或对某一特定物品产生类似流行的大众文化（Popular Culture）的追求。时尚是抽象的，人们无法具体感知，商品的出现可以促使时尚这种抽象的概念具体化与形象化。在物质方面，时尚由服装、影视、饰品、商品、食品、艺术、音乐等许多部分所组成，这表明了时尚文化既是物质结构，又具有文化性质。

综上所述，时尚同时具有文化与商业的特质。时尚的文化和商品特质具有内在的关联，即时尚作为一种流行文化可以通过商品来传播。时尚商品不同于传统商品的价值，它不完全是由商品的实用性与功能性所决定的，时尚商品的物质表象从属于它的文化性，因此，我们可以说时尚的产生是社会的集体意识的反映。

二、非物质文化遗产

非物质文化遗产（Intangible Cultural Heritage）是一个国家和民族历史文化成就的重要标志，是优秀传统文化的重要组成部分。非物质文化遗产简称"非遗"，是指各族人民世代相传，并视为其"文化遗产"组成部分的各种传统文化表现形式与传统文化表现形式相关的实物和场所。

三、传统手工艺类非遗

传统手工艺品跟日常生活中的衣、食、住、行等息息相关。传统手工艺是非物质文化遗产的一个门类。传统手工艺品是指民间的劳动人民为适应生活需要和审美要求，就地取材，以手工生产为主要制作手段的一种工艺美术品。传统手工艺有：竹编、竹刻、木雕、石雕、锻铜、缂丝、糖画、微雕、核雕、蜡染、油纸伞、竹扇、刺绣、织锦、剪纸、砖雕等。由于社会历史、风俗习尚、地理环境等不同，各地的手工艺品具有不同的风格特色。

四、时尚礼品设计

礼品作为一个城市"软文化"的集中表现，代表着这个城市精神面貌和文化气息。礼品是一种人际交流，是人与之间相互表达祝福、传递情感的文化符号，是一部流动的历史，也是一种情怀。时尚礼品定义很广泛，学者们对此概念较少有明确的定义。本课程收集相关资料文献，对时尚礼品设计概念做简略的界定：时尚礼品是指以面向人们当前的生活方式和审美偏好为导向，通过传统手工艺生产实现商品转化，并以产品设计方法激发创意，创作出具有现代流行元素的时尚礼品。时尚礼品课程以日常生活用品、饰品、年节赠品，婚庆礼品、城市礼品和旅游纪念品等类型为主。以城市礼品为例，城市礼品是一个城市特定历史时期的地域特色，传统手工艺类非物质文化遗产是一个城市文明的重要标志，常常用来制作城市礼品。城市礼品作为城市名片具有传播城市文化的重要作用。传统手工艺品反映了过去人们的生活方式、审美意识，在一定程度上，非物质文化遗产曾是过去时尚文化的体现，受到所处社会的思想观念、生活审美、文化习俗的制约。但是，非物质文化遗产作为现代城市礼品的需要，以时尚的形式进行再设计能够有效地传播城市文化。

扫二维码观看教学视频

1.时尚礼品设计基本概念

第二节　传统手工艺和时尚礼品设计

一、从造物到文物，传统手工艺为什么退出了现代生活？

在时代的演变下，传统手工艺正在逐渐地衰退，这主要是受外部因素和内部因素的影响。

1. 外部因素

外部因素包括以下两点：

（1）传统手工艺是在自给自足的生产方式时代，因生活所需而自然萌发的。其中一些是因谋生的需求而代代相传下来的产业，这些产业多属于劳动密集型，兼具特殊技能形态。然而，随着机器生产方式与现代材料工艺的发展，传统手工艺品无法大量生产，使许多从业人员转行。

（2）由于当地原材料的资源极为有限，以及当地气候的特殊性，其所产出的手工品产量有限。

2. 内部因素

内部因素包括以下四点：

（1）有手工艺的老师傅，因年纪、体能、健康等问题，作品日益减少。

（2）年轻人不愿意学传统手工艺，导致传统手工艺的传承有断层问题。

（3）传统手工艺品制作时间长，纯手工制作的商品出售的价格较高，日常生活中也不容易维护与保存。

（4）传统手工艺在形式与功能等方面因缺乏创新而不适用于现代生活场景。

二、从文物到产品，传统手工艺为什么还要回归现代生活？

当前，世界各国都在大力保护具有民族特色的文化遗产和非物质文化遗产。在这一时代背景之下，从国家战略上来讲，我国传统手工艺的振兴必然引起国家的高度重视，这为传统手工艺的保护和传承提供了难得的机遇。传统手工艺蕴含着丰富的文化内涵与民族记忆，当传统手工艺遇上时尚潮流，与制造业、文化市场与文化产业等相结合，可以使时尚在现代生活场景中重新获得生命力。传统手工艺的时尚设计兴起是对中国传统手工艺文化的认同。例如，李宁运动品牌植入传统刺绣手工艺后，摇身变为青年抢购的时尚潮品。

消费者偏好"非遗"的原真性价值。绿色设计和个性化设计逐渐流行使消费者更容易对"非遗"产生亲近感和信任感。非物质文化遗产在不同时代应有不同的变化和发展，传统技艺不仅要传承，更要不断创新，才能更好地延续生命力。例如，当代纸雕艺术家温秋雯拜民间老艺人潘培森为师，吸收非物质文化遗产大良鱼灯制作技艺，创新了大良非遗鱼灯技艺，在杭州举办的淘宝造物节上，温秋雯的作品让许多年轻消费者产生文化认同感和审美共鸣。

三、"传统手工+时尚表达"的礼品设计

面临日新月异的商业化设计时代，消费者对产品的新鲜感影响了他们的消费决策，小商品的生命周期越来越短，传统手工艺人与当代设计师都要不断思考如何开发新产品来提高传统手

工品的市场生存能力。

　　"非遗"承载着一个城市的历史记忆、文化基因、产业密码与风土人情，其原真性价值非常适合用于设计制作成一个城市的礼品来传播一个城市的特色文化。

　　"非遗"资源虽然具有制作成礼品的内在价值且为时尚礼品设计注入新的活力，但是从"非遗"资源到礼品的设计与生产，需要借助义乌小商品完整的产业体系。

　　时尚是一场又一场的轮回，"非遗"具有再次时尚的潜质，但需要采用新材料和新技术创造新的形式。"非遗"可以与绚丽多彩的现代材料相结合，以丰富礼品的质感、色彩与时代感，一方面能为"非遗"技艺延续新的生命力，另一方面也能促进"非遗"融入现代生活。

　　综上所述，"非遗"现代设计需要对传统手工艺品的装饰、造型、材料、功能性进行创新构想，既要符合市场的需求，又要顾及消费者的喜好，符合当下的生活场景。通过传统手工品的时尚化设计表达来实现商业化，从而提高传统手工品的附加价值。

第三节　装饰艺术风格与时尚产品设计

一、装饰艺术风格流行时尚溯源

　　装饰艺术风格（Art Deco）是20世纪初在世界许多城市流行的一种时尚设计风格。何人可的《工业设计史》一书中把Art Deco译作"艺术装饰风格"；王受之在《世界现代设计史》中把Art Deco译作"装饰艺术"运动；李亮之在《世界工业设计史潮》一书中，把Art Deco译作"装饰艺术派"。

　　中国和日本的"非遗"技艺、古希腊建筑、古埃及与玛雅等古老文化的物品或图腾等，成为时尚产品设计师的素材来源，通过结合新材料和工艺创造的时尚产品形式，给消费者以现代、时尚的感受。例如，漆器应用到装饰设计中——设计师利用漆器来设计屏风、门、家具等装饰构件。漆器的装饰图案丰富、精细，采用东方古典的漆技艺进行制作，使装饰构件充满了浓郁的东方风格。让·杜南德（Jean Dunand）是20世纪初的装饰艺术大师。1912年让·杜南德开始接触并学习东方漆艺，其设计作品中加入了人物、山水、花卉等东方漆艺元素（图1-1）。

在陶瓷器皿设计上，法国陶瓷器皿的设计受到中国釉彩风格，特别是中国宋代瓷器的制作技艺的影响。在装饰纹样上，主要以人物和几何图案作为装饰特点。例如，陶瓷设计家艾米尔·德科（Emile Decoeur）等，他们的陶器作品造型典雅，深受中国古典文明的影响，如图1-2所示。

图1-1 让·杜南德的作品（1910—1930年）

装饰艺术风格设计师利用玻璃器皿创造复杂多样的艺术表现效果，中国元素也成为众多西方装饰艺术设计大师借鉴的古典艺术对象。设计师设计的内容很广泛，如香水瓶、饰品等，涉及生活中各种产品。装饰艺术风格可以说开启了现代珠宝设计的时代，装饰艺术风格饰品奢华时尚中蕴含着古典之美，例如，装饰艺术时期尚美巴黎（Chaumet）品牌的饰品设计，如图1-3所示。

图1-2 艾米尔·德科的作品（1910—1930年）　　图1-3 尚美巴黎品牌的饰品（1910—1930年）

二、时尚知名品牌与东方"非遗"的融合设计

近年来，一些国外时尚行业的知名品牌纷纷聚焦中国，许多大牌国际设计师设计创作出具有中国文化元素的时尚产品。国外时尚品牌在女包设计中加入了竹编元素，比如，爱马仕品牌的竹编包设计，法国时尚品牌兰蔻以及夏奈尔（Chanel）的竹编女包设计，美国时尚品牌 Mark Cross 中的竹编女包设计等。国外几大时尚品牌推出的女包都运用了竹编概念和工艺。这些品牌和当代"非遗"艺术家进行跨界合作，设计出了包含传统手工艺类特色的时尚女包，如图1-4所示。

图1-4 夏奈尔品牌竹编包

义乌红糖是国家红糖非物质文化遗产，是自用优品也是送礼佳品。"敲糖帮"是红糖产业的知名品牌。通过创意设计可以赋予红糖产品包装更多时尚特色，让"敲糖帮"红糖品牌达到

新的高度。

扫二维码观看教学视频

2.旅游纪念品的分类

第四节 非物质文化遗产时尚化表达的设计方法与流程

为消费者提供具有城市文化与现代审美的时尚礼品，将"非遗"融入时尚礼品设计中，设计出丰富的时尚礼品，比如灯具、首饰、陶瓷、装饰品等，促使"非遗"资源和时尚礼品实现循环发展。

一、传统手工艺的时尚设计原则

传统工艺的时尚设计有别于工业产品设计，传统工艺的设计基础不能偏离原有的文化脉络，因此，如何基于传统，又能跳脱框架，进行时尚表达，是传统手工艺时尚设计的设计目标。

不同设计取向的产品有不同的核心诉求。传统手工艺品偏重观赏性，工业设计产品偏重实用层次的满足，创意设计产品偏重感官层次的满足，文化产品设计则偏重精神层次的满足。传统手工艺的时尚设计应不仅聚焦于单一价值层次，还需兼顾多元价值的平衡，满足消费者的多元需求。

1. 功能性原则

传统手工艺设计的初衷是满足人们的生活需要。实用原则始终贯穿传统手工艺的再设计，在讲究实用的基础上不断创新，通过创新来满足人们新的审美倾向与功能需求。

2. 文化性原则

非物质文化遗产的核心就在于文化属性，传统手工艺再设计要以优秀传统文化为基础，吸收传统文化的价值与精髓，提升手工艺的文化价值。

3. 创新性原则

在坚持传统手工艺原真性的基础上，通过现代设计语言，从形态简约、装饰符号凝练、现代生活场景功能定位等多方面进行再创造，同时结合现代人的审美偏好，赋予传统手工艺时尚化表达，以复活的方式走进人们的日常生活。

二、传统手工艺的时尚化设计流程

1. 设计创意阶段

（1）问题界定。礼品设计将当地文化融入产品，如油纸伞，题材包括当地的人文风光、戏曲文化、风俗习惯等，需探讨设计方的人、物、环境等因素，界定所要解决的目标问题，在后续阶段将其进行归纳与分析，收缩至明确方向，以激发出设计创意。

（2）设计目标建立。根据分析与归纳整理出的表格，在阶段初期，设计团队进行小组讨论后明确礼品设计的目标。按目标人群角度，设计符合目标人群并具有当地文化特色的礼品，并塑造其背后的文化意涵。

（3）描述使用情境。厘清设计问题与设计目标后，以文字或图像形式，将目标解决、相关的特色与设计联想、文化特色、适合转化为礼品目标的特色等方向呈现，通过设计团队之间的互相探讨，厘清并得出礼品设计的目标方向。

（4）建立设计规范。礼品所具备的功能和条件、文化礼品整体的方向与规范、当地与目标人群对其特点的认知与态度、不同的设计联想等为要素，基于诺尔曼（Norman）提出的情感设计三层次，探讨礼品外观、行为、心理三层次的文化礼品设计。设计应该着重特色与目标；礼品外观设计层次可从色彩、质感、造型、表面纹饰、细节处理、构件组成等方面进行构想；行为设计层次可从功能性、操作性、使用便利、安全性、结构性、结合关系等方面构想；心理设计层次可从特殊含义、故事性、感情，具有文化特质等方面的礼品属性进行构思，从不同方向与角度对其进行探讨以及取舍。

2. 设计转换阶段

（1）文化特色的提取与转化。发掘当地文化与不同礼品层次转换运用的可能性，从中探寻其特色与差异性，或其具备的设计转化价值的文化元素。汇整分析文化特色，用转化等设计思考方法连接礼品与当地文化脉络，挖掘当中具备设计构思可能性的部分，并将文化属性与礼品脉络进行合理连接，而后进行草图设计。

（2）进行设计概念发展。将礼品文化属性、礼品背景、礼品设计目标相互整合后，设计小组探讨礼品概念草图的细节，通过进一步精化设计概念图，使设计概念的图像更加明确。进一步探讨礼品背后所传递的目标、意义及精神，也就是礼品外观、行为、心理三层次，针对其外形、行为、心理、习俗、认知、精神等属性，凝练礼品的文化特色和内涵。

3. 设计实践阶段

最终以创意设计、目标人群以及设计目标等角度，反思礼品设计的细节与完整度，礼品文化特色的提取与转化是否适宜，并进行礼品设计评价与礼品设计思考。

扫二维码观看教学视频

3.文旅产品的设计原则与设计流程

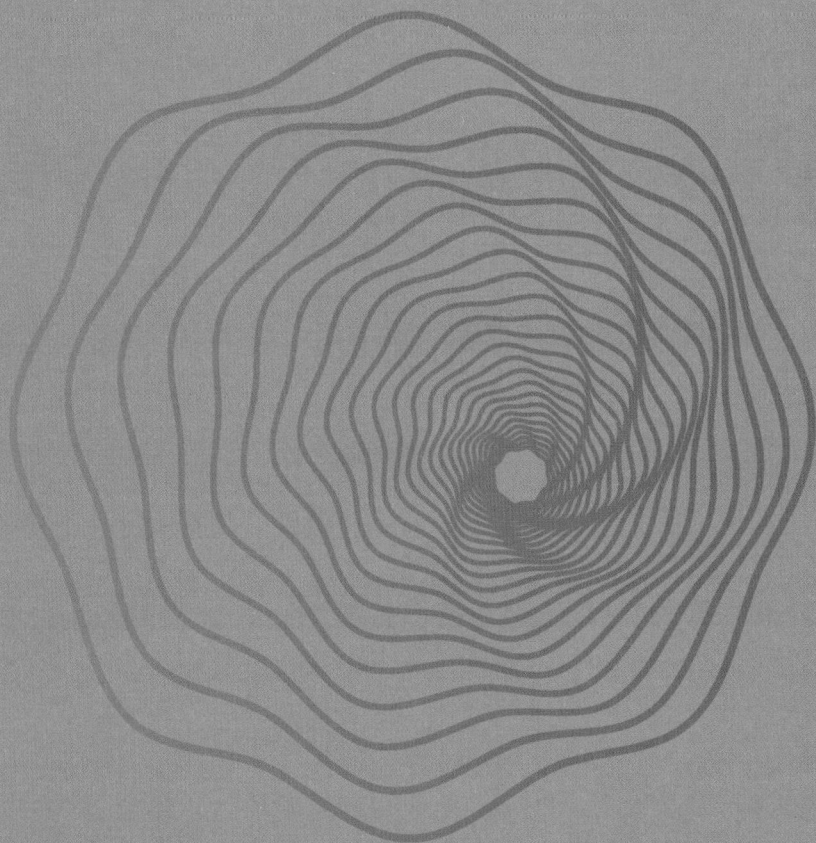

第二章　时尚树脂礼品设计实务

导入任务

本章时尚树脂礼品设计项目来自校企合作宝贝故事工作室，本项目要求抓取现代潮流文化元素，从用户的使用需求和情感诉求出发，设计有潮流性、工艺性、低成本的创意设计产品。

近年来，随着国潮文化的兴起，以POPMART泡泡玛特、Bearbrick积木熊为代表的潮玩迅速掀起盲盒文化，将"潮流玩具""潮玩"等词语推上了风口浪尖，盲盒文化覆盖多个行业。在阿里巴巴（1688）、淘宝、哔哩哔哩（bilibili）等各大网址上搜索"潮玩"，其搜索的结果多为各种盲盒开箱以及装饰为主的时尚树脂礼品，少部分毛绒、入油等材质的产品。其价值也从十元至上万元不等。那么究竟什么是潮玩？潮玩树脂的产品设计是怎样的？此类产品有什么创新点？本章训练将围绕潮玩文化，利用树脂为主要材质的产品从研发到生产的全过程展开学习，并进行一定创新设计。

明确目标

◎ 学习目标

学习本章时，同学们要了解潮玩文化和树脂工艺，了解如何抓取当下市场的潮玩文化并判断下一个市场趋势，完成低成本快销的时尚潮玩礼品设计。

◎ 重点与难点

本章学习重点是通过接触与了解潮玩文化和工艺，对树脂类潮玩产品进行创新设计。
本章学习难点是对潮流美学、文化热点的元素提炼与转化。

分析任务

目前国内外潮玩文化发展迅速，有"小玩具撬动大市场"的趋势：一方面，是发展早期迈向成熟的重要阶段，市场规模也大规模提升；另一方面，促成品牌和"非遗IP"进行跨界合作，推动潮玩文化发展，树脂、塑料工业迅猛发展。

潮玩文化一直在不断发展，目前的趋势主要有以下几个方向：

1. 定制化

越来越多的潮玩爱好者希望拥有独一无二的作品，因此，定制化的需求越来越大。制造商和设计师会根据客户的需求，设计和制作出个性化的潮玩作品，这种定制化的趋势也促进了潮玩市场的发展。

2. 数字化

随着技术的发展，数字化潮玩开始逐渐流行。数字化潮玩是通过虚拟现实、增强现实等技术，让用户可以在数字世界中获得类似于实物潮玩的体验，这种趋势也受到了一些消费者的青睐。

3. 合作跨界

潮玩与其他文化形式的跨界合作也成为趋势。例如，潮流品牌与潮玩品牌的联名合作，音乐人和艺术家与潮玩设计师的合作等。这些合作不仅能够吸引更多的消费者，也可以为潮玩文化带来更多的创意和可能性。

4. 社交化

随着社交媒体的普及，潮玩也变得更加社交化。许多潮玩爱好者会在社交媒体上分享自己的收藏、定制作品等，与其他潮玩爱好者进行交流。这种社交化的趋势也促进了潮玩市场的扩大和发展。

由此可见，潮玩代表的不仅仅是一个玩具，背后蕴含着浓厚的潮流文化，掌握本章内容中的分析市场趋势、学习潮玩设计、提高树脂类潮玩产品创新设计的能力，是设计树脂潮玩类工作的基础技能需求。

实施任务

第一节　设计探源解文化

任务一　解读潮玩文化

【任务简介】

学习本节时，同学们要接触了解潮玩文化及其发展，根据自己的感受与对潮玩文化的文化背景与精神内核的理解，解析当下的潮玩文化、潮玩艺术。

【任务目标】

本节学习重点是对潮玩文化的了解、解析。

本节学习难点是了解潮玩文化的发展与其本身的文化特征，解读优秀的潮玩文化具备的文化特征和设计语言。

【本节内容】

一、潮玩的概念

潮玩作为新兴文化的代表之一，在字面上理解是潮流玩具的缩写，其英文是art toy，designer toy，翻译为"由艺术家、设计师设计的玩具和收藏品"。

从百度搜索"潮玩"跳转出来的售卖页就可以看出，潮玩具有IP表达、文化属性、溢价、动漫、情感需求、精神用品等属性（图2-1）。潮玩与小孩的玩具，两者最大的不同是潮玩通常被认为是15岁以上的成人玩具，并且具有一定的收藏属性。潮玩是经过设计师和艺术家针对当下娱乐性产品的凝练与创作而产生的，生产方式包括设计师手工制作和独立玩具公司创

潮玩 - 商品 - 全网热卖

¥49
棒潮玩 STUMPWOR
KS 快乐狗哈皮&拽...
淘宝

¥109
酷乐潮玩耙老师天使
款毛绒玩具可爱...
京东

¥59
卡卡鸭星际熊变形太
空金刚轻奢磁吸...
京东

¥499
POP MART泡泡玛特
bunny黑白天使...
京东

¥1199
POP MART泡泡玛特
KennethxYokix...
京东

¥249
棒潮玩 SOAP STUDI
O 猫和老鼠芝士...
淘宝

¥199
keeppley潮玩积木玩
具空间站小颗粒...
京东

¥999
POP MART泡泡玛特 I
NSTINCTOY慕奇...
京东

1 2 3 下一页

图2-1 百度搜索"潮玩"结果

作，所以这类产品比玩具具有更强的展示、陈设、表现个人风格与格调的功能，而非过多展示交互、把玩功能。由此潮玩文化受到工艺、资本和艺术家、设计师知名度等因素的影响，会被赋予更高的售价。

一般来说，高价潮玩为one-off（有且仅有一只）。批量生产的潮玩制作流程为：设计→打样→开模→成型→上色→组装。大规模量产的潮玩和盲盒，特别适合采用PVC和ABS材质；而小批量制作的艺术家/设计师玩具，则更适合采用PU树脂和宝丽石（POLY树脂）材质。

二、潮玩重点词汇解析

1. 盲盒

潮玩不得不提的热卖品类之一就是盲盒了。盲盒是一种商品包装形式，通常用于收藏品或玩具等消费品。它的外部包装通常不透明，无法看到内部，因此，购买者不知道自己购买到的具体商品是什么，直到开启包装后才能看到物品。在潮流文化中，盲盒被广泛用于收集模型、玩具、贴纸、钥匙链等物品。通常情况下，每个盲盒里面包含一个随机选择的物品，有时候还会有一些特别稀有或限量版的物品，这些物品的收藏价值较高，吸引了许多人购买和收集。

盲盒一般会推出多个系列，每个系列会有多种不同的物品，收集者可以尝试购买多个盲盒来增加获取稀有物品的概率，这也赋予盲盒一种游戏性质，因为每个盲盒的内容都是未知的，收集者需要通过不断购买和交换来收集自己想要的物品。盲盒起源于日本福袋。通常盲盒也会按系列出售，一个系列中会有6~12个普通款式以及1~2个隐藏款式。很多玩家会单纯的沉迷于收集一整套各种各样的玩偶。这种抽奖一样的形式很好地利用了人们的猎奇心态和赌徒心理。盲盒的单价一般为20~70元，一系列价格为400~1000元。通常每个系列都会推出普通款和隐藏款，有时还会推出节日、城市和主题特定的限量款（图2-2）。

图2-2　月半艺术家系列潮玩盲盒

2. IP

潮玩文化中的知识产权（Intellectual Property，简称IP）形象通常是具有独特形象的角色或品牌，这些形象往往具有强烈的个性和表现力，能够被潮流文化爱好者关注和喜爱。这些IP形象通常与时尚、艺术、音乐、游戏等潮流元素相关联，例如动漫人物、漫画角色、卡通形象、玩具人偶等。IP中有各种各样的角色形象、故事背景甚至拥有系统的世界观，像泡泡玛特盲盒中的Molly系列（图2-3），Dimoo（图2-4）都属于此类。一个明星IP最内核的是价值观，用直观的形象加以展现，还有故事、多元演绎与商业变现的特点。

泡泡玛特潮玩盲盒中的Molly是由香港艺术家Kenny Wong设计的玩具品。Molly是一个蓝色眼睛黄色头发的小女孩形象，通常身穿彩色服装和带有不同主题的配饰，比如花束、动物等。Molly的形象设计风格简洁明快，同时具有艺术感和趣味性。

Molly最初的设计灵感来自Kenny Wong，他想创造一个可爱的角色，能够吸引不同年龄段的人们的注意力。在2012年，Molly的第一个原型玩具品牌诞生，并很快成为一个非常受欢迎的文化现象，吸引了全球各地的粉丝和收藏家。

图2-3　Molly

图2-4　Dimoo

扫二维码观看教学视频

4.品读潮玩文化

【课后训练】

1.对潮玩文化的作品进行市场调研，观察设计、材质带给人的感受，分析一组市场上的潮玩与玩具，找到联系与不同。使用PPT制作图表。

2.解读不同文化背景、热点下潮玩的设计风格，并分析其销量，分析两者之间的联系。汇总格式为PDF要求图片文字相结合的形式。

3.谈谈高价潮玩与平价潮玩有哪些不同。下节课堂交流分享。

任务二　解析材质工艺

【任务简介】

学习本节时，同学们要了解潮玩常使用的材质以及不同的加工方式，通过调研、学习、观察不同的材质给消费者带来的不同感受，理解不同的设计如何匹配合适的材质与加工工艺。通过了解材质和成本、设计、生产、售卖之间的关系，在设计研发阶段得出最优解。

【任务目标】

本节学习重点是潮玩文化中树脂、塑料的材质特点与区分，以及不同材质及其生产加工方式的利弊。

本节学习难点是理解不同材质哪一部分适合表达设计，理解不同材质与设计语言之间的关系。

【本节内容】

观察第一节调研时我们随手拿到的盲盒包装，可以发现材质很多都是如图2-5所示。

包装上的ABS和PVC其实都是塑料的一种。在潮玩文化中树脂、塑料是最主要材料。除了ABS和PVC，对潮玩感兴趣或对产品设计的材质有一定研究的同学可能听过像"搪胶""树脂""PU"这样的名词。

无论是塑料还是树脂，其实都是非常宽泛的材料概念。根据维基和百度百科定义，"塑料"是以合成树脂为原材料，加入各种添加剂人工成型的塑性材料。而树脂，通常指常温下是固态、半固态，在受热后能软化熔融并且在

图2-5　潮玩包装盒材质表

外力作用下有流动倾向，有时也可以是液态的聚合物。广义上，可以作为塑料制品加工原料的任何聚合物都称为"树脂"。树脂是塑料的主要原材料，塑料是树脂的成品（图2-6）。

图2-6　树脂、塑料关系图

树脂转化为塑料过程中重要的一步是加入添加剂，如增塑剂、热稳定剂、稀释剂、填料、抗氧剂、光稳定剂、阻燃剂、着色剂、脱模剂等，这让塑料比纯树脂有低成本、稳定、容易脱模等优势。

通用塑料有五大主要品种：聚乙烯（PE）、聚丙烯（PP）、聚氯乙烯（PVC）、聚苯乙烯（PS）及丙烯腈—丁二烯—苯乙烯共聚合物（ABS）。而我们常见的"树脂"材质，说的大多是PU树脂（Polyurethane）。它是一种新型的有机高分子化合物，被誉为第六大塑料。

现在让我们重回到包装盒上的塑料PVC，ABS。

一、聚氯乙烯（Polyvinyl Chloride，简称PVC）

PVC有两种基本形式：硬性和柔性。生活中，硬性形式如水管等；柔性是通过塑化剂的加入，变得更加柔软和灵活，如雨衣、塑料膜、充气产品等。PVC稳定、易保存，但是不耐高温（温度升高容易泛黄及轻微变形），可塑性好，便于加工，韧性强，有一定的抗断裂、撕裂能力，重量轻，便于携带和运输，价格低廉。

二、丙烯腈—丁二烯—苯乙烯共聚合物（Acrylonitrile Butadiene Styrene，简称ABS）

市面上大部分盲盒、手办等为什么要用PVC和ABS两种不同材质组装而成？

ABS是一种原料易得、价格便宜、综合性能良好、坚韧、质硬、刚性的材料，具有出色的耐热性和耐寒性。PVC韧，ABS硬。全PVC材质的玩具容易变形、开裂、出油，如人形玩具中，长期承重受力的腿部、胳膊、颈部等部位，更适合硬度高的ABS。另外，ABS容易加工，细节表现力更强，电镀性能更好，适合表现细节和金属质感（图2-7）。

图2-7　ABS应用实例——乐高（LEGO）积木

三、ABS/PVC常用对应工艺——热塑

热塑是塑料的主要加工方式，分为注塑、搪胶工艺和软胶工艺（Sofubi）。注塑工艺主要应用于各种对精度要求比较高的拼装玩具，如高达、乐高等。潮玩中的盲盒，也多是注塑工艺制造出来的（图2-8）。

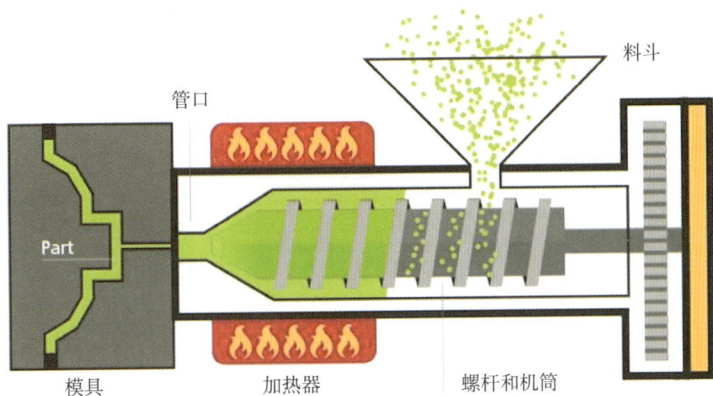

图2-8　注塑工艺的生产流程

基本工艺流程为：固态塑料原料颗粒（PVC、ABS等）→熔化→注射机器施压→一定的速度注入模具→模具过水道冷却（液态塑料固化）→完成（得到与设计模腔一样的产品），如图2-9、图2-10所示。

图2-9　注塑机器

注塑的生产速度快、效率高，适合大批量生产，并且不受产品尺寸的限制，以很高的精度制作出形状复杂的产品。将塑料加热溶解后进模，在高温、高频的使用方式下，模具就必须采用精确稳定的金属模具（如钢模、铜模）。因为金属模具的材料、制作、维护的成本高、时间周期较长，所以为了摊薄成本，降低材料与模具的综合成本，必须提高产量。所以PVC开模的下限体数，依钢模的复杂程度，一般为2000~3000体（图2-11）。

图2-10　PVC原料颗粒

图2-11　摩点众筹项目Rainbow Kido盲盒的钢模与硅胶模具

除了模具费用高的特点以外，注塑工艺的重点就是分模线和浇口（水口）。一套注塑模具，由注入侧和脱模侧两部分组成。因此，在两部分模具的拼接处，难免会有些许缝隙。注进去的液态塑料渗入其中，就会在成品表面留下一条完整的线状的细小凸起，这就是"分模线"，是十分常见的工艺瑕疵。而浇口，又称水口，是注塑过程中流道（液态塑料在模具中流经的通道）与产品本体在连接处的残留印记（图2-12）。

对于注塑工艺来说，分模线和浇口难以避免。潮玩的品质和高级感，往往就体现在对这些细节的处理上。品质高的潮玩作品会将分模线和浇口设置在不易被人们注意到的边缘位置，同时在脱模成型后进行打磨填补等修饰，这样的设计和处理让"瑕疵"变得不明显。

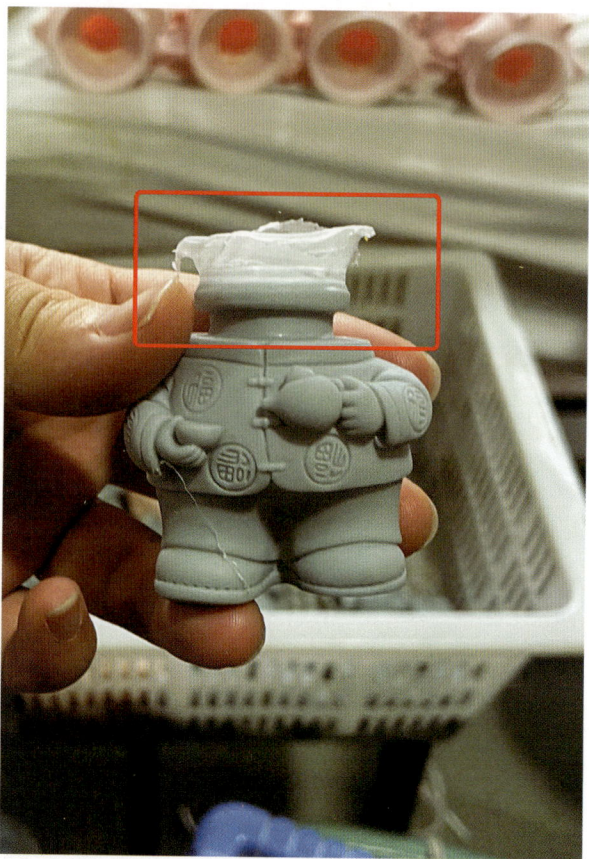

图2-12　翻模后产品侧面分模线

四、搪胶工艺和软胶工艺

"搪胶"是一种特殊且非常古老的PVC制作工艺。我们熟悉的小黄鸭这种捏起来软、滑空心的产品就是搪胶工艺产品。在材质部分，PVC有硬性和柔性两种基本形式。搪胶工艺以PVC

为原料，同样也有硬搪胶和软搪胶两种。Sofubi 即软搪胶，也称软胶、日式软胶。搪胶工艺和软胶工艺大同小异（图2-13）。

搪胶的工艺是将糊状 PVC 溶液加入模具后闭合模具，然后将模具放入高温的搪胶炉，沿两垂直轴低速旋转，熔融状态的 PVC 就在重力的作用下，均匀地"搪"在模具的内壁。模具放入冷水冷却后打开模具，就可以将成品拉拽出来。由于是在旋转的模具中成型，所以"搪胶"也称"滚塑"，是旋转成型工艺的一种（图2-14）。

图2-13 搪胶工艺小黄鸭

日本软胶工艺与普通搪胶工艺的区别就在于加热固化的过程。而搪胶玩具的品质很大程度上取决于这几步过程中对时间和火候的控制（图2-15）。

图2-14 搪胶工艺及浇水

图2-15 搪胶工艺脱模后修饰处理

五、PU 树脂（无发泡聚氨酯）

"树脂"材质的潮玩即是 PU 树脂（Polyurethane）。树脂由 A 剂和 B 剂（俗称 AB 水）以相同重量比进行调配，快速成型。固化后其物理性质比 PVC 和 ABS 更为强韧。PU 树脂可塑性强，细节的表现能力强，手感好，颜色多样，不会轻易变形，也不会因为阳光照射而出油，还有如同象牙般的温润质感。但是相对 PVC、ABS 等传统塑料而言，PU 树脂的材料价格较贵，质地较硬较脆。PU 树脂常用工艺为冷固（图2-16）。

树脂不需要加热熔化就可进模。由于只需要常温生产，PU 材质的潮玩加工生产使用低温灌注进硅胶模具即可。所以，相对于 PVC/ABS 使用的金属模具而言，费用较

图2-16 树脂潮玩产品

低，但硅胶模具的寿命非常有限，大约只能用十几次就几乎报废，所以适合较小批量制作。与精度较高的金属模具相比，硅胶模具翻制成的半成品在形状和表面存在较大差异，导致无法批量化流水线涂装，只能手工调整、涂装，所以人工费高昂（图2-17）。

图2-17　树脂潮玩生产流程

小结：PU树脂的手感好，具有较好的细节，批量生产只需要硅胶模具，但人工费用较高。

【课后训练】

1. 连线：

材质	生产工艺	适合表现
ABS	热塑	低温灌注
PVC	冷固	搪胶
树脂		

答案：

扫二维码观看教学视频

5.课后训练答案

2. 看看市面上树脂、塑料不同材质的产品带给你的感受，观察设计对应材质的产品，你发现了什么？下节课课堂抽查汇报，形式不限。

第二节　设计创新构方案

任务三　元素提炼运用

【任务简介】

　　本节需要学生掌握树脂、塑料产品设计研发流程，培养学生快速把握潮流文化及热点话题，并快速将其转化为设计符号与适当的设计语言的能力。

【任务目标】

　　本节学习重点是掌握潮流文化的快速延伸和文化元素的提取。

本节学习难点是将潮流热点转化为合适的设计元素，找到合适的载体。

【本节内容】

一、设计元素提炼法

在设计产品时，无论是竹编设计，还是陶瓷设计、塑料、潮玩设计，元素的提炼都是设计过程中的重要步骤。我们需要根据需要当下的潮流文化确定设计主题，而后需要进行新一轮的设计调研。将收集来的元素进行提炼，通常来说是进行选择、组合简化、抽象化、明确设计语言等一系列总结归纳的行为。

在元素提取阶段，可以通过情绪板（Moodboard）/灵感板的建立对调研收集的资料进行归纳整理，使用任何能帮助你的比如泡沫板、墙面媒介等材料帮助你快速呈现产品的基本蓝图，展示概念、风格、颜色灵感、材质灵感和使用环境，为下一步的设计提供强有力的支持（图2-18）。

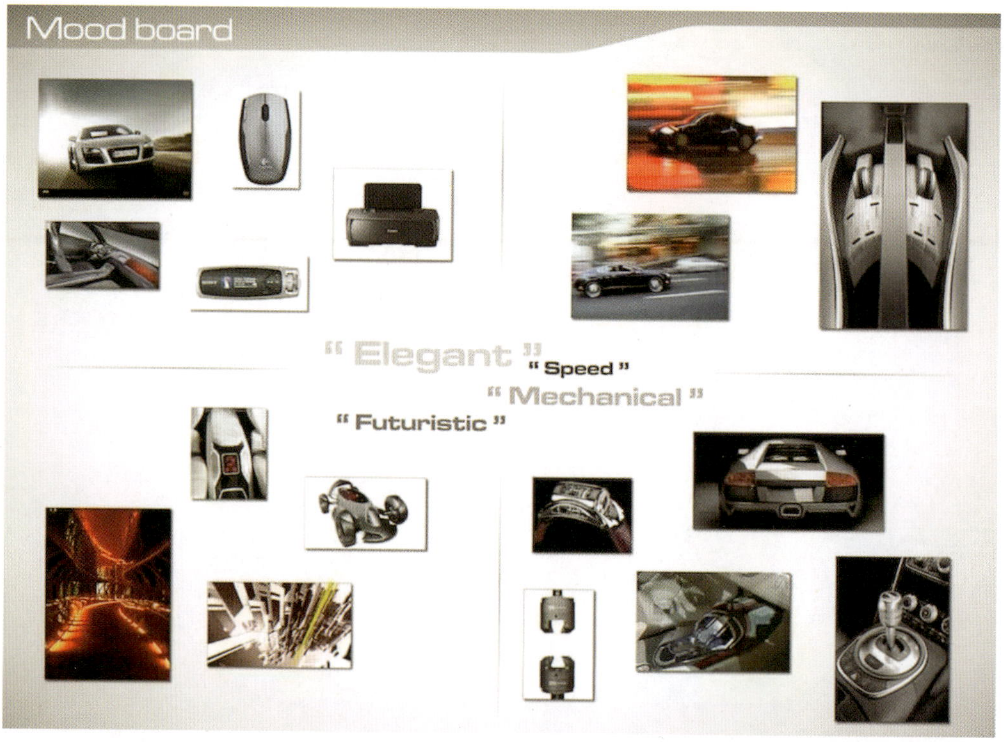

图2-18 情绪板范例

在情绪板中，可以选择合适的方式表达，如创建拼贴画（Collapses）、故事板（Storyboard）、添加注释的方法传达设计师的设计理念，解释产品。需要展示产品的相似爆品概念、竞品、相似风格作品、流行风格、流行表情灵感、颜色灵感、材质灵感、使用环境，在循环往复的叙述和整理的过程中逐渐确定合适的设计。如图2-19所示为以可爱动物为主题的潮玩的设计情绪板，将近两年流行的风格潮玩实物、流行的谐音梗文化、流行趋势、流行色等方面进行全面收集，在大量素材的堆积、对比、分析后可以窥探出流行趋势变化，去粗取精地进行元素的提取。

图2-19　可爱动物主题情绪板

二、潮玩设计情绪板的制作步骤

1. 收集灵感素材

需要收集与潮玩设计相关的各种素材和灵感，可以从杂志、书籍、互联网等各种渠道获取图片、文字、颜色、材料、图案等材料。

2. 整理分类素材

将收集到的素材整理分类，可以按照颜色、材料、形状、图案等进行分类整理，方便后续的选择和组合。

3. 选择核心素材

从整理分类的素材中选择一些核心素材，包括主题色彩、材料、形状、图案等，作为情绪板的核心元素。

4. 组合设计

将选定的核心素材进行组合，形成一个整体的潮玩设计风格和氛围，可以在计算机上使用设计软件或者手工绘制来实现。

5. 完善情绪

将潮玩设计情绪板进行完善，包括添加文字描述、标注颜色和材料代码等，使其更加直观和易于理解。

需要注意的是，在制作潮玩设计情绪板时，应该充分考虑潮玩设计的目标用户和市场定位，以确保情绪板所呈现的风格和氛围与目标用户和市场需求相匹配。同时，情绪板也应该具有可操作性，方便后续的设计制作工作。

提取出元素后就可以进行大量的草图绘制，在选定和后续不断的修改中逐步确定设计方案（图2-20）。

图2-20 小恐龙设计方案深入过程

我们需要注意的是，树脂潮玩设计的相关元素中，相比于传统工艺品，潮玩类设计会快销，讲究产品的时效性。所以，设计部分我们需要关注潮玩的艺术装饰性和文化热点性以及IP性带来的冲动消费。设计阶段需要在控制成本的前提下极快的把握热点话题、趣味性、市场偏好、潮流等相关内容进行采集分析，进而元素的提取转化。可以根据当下销售量最高的潮玩产品，以及消费者认知度最高的IP形象进行一定的结合与改动，也可以适当与功能性进行结合，达到"1+1>2"的销售效果。

如图2-21所示为近两年爆款产品"车载空调出风口风扇"，产品兼备功能产品与潮玩的特性。设计师在选择空调出风口风扇、车载香薰为主要功能下，使用当下的流行以及年轻人喜爱的动物形态，与年轻女性消费群体喜爱的花朵造型风扇结合，配合鹅黄色、粉色等鲜艳色彩，使产品不仅表现年轻群体的活泼、积极向上的生活态度，而且具有一定的交互性和功能性。

图2-21　车载空调出风口风扇及其拆解图

【课后训练】

1. 制作自己的情绪板，展现设计蓝图，提取相关设计元素，保存为PDF格式上交，下次课堂交流点评。

2. 运用元素提炼法设计一款塑料、树脂产品（需要使用到提取的元素），用草图的方式呈现，用手机或其他电子设备扫描后提交。

扫二维码观看教学视频

6.元素提取　　　7.潮玩设计方案表现

任务四　设计建模渲染呈现

【任务简介】

本节通过训练，让学生掌握根据上一节的设计方案建模渲染、深入修改的操作。

【任务目标】

本节学习重点是掌握建模和效果图的制作。

本节学习难点是掌握建模和效果图制作。

【本节内容】

先根据上一章的设计方案，将产品草图规范绘制正视图、背面图，标注产品的配色、具体尺寸。

确定二维设计图后进行3D建模，软件主要使用犀牛Rhino和ZBrush。对比完成的二维视图进行建模，在建模中需要思考模型的分件，拆分后的连接结构是怎样的。需要考虑将头部、躯干和进行拆分，并对无法翻模的地方进行拆解（图2-22）。

图2-22 二维三视图

在软件的选择上，曲面较多的产品选择ZBrush，偏标准化、功能性的潮玩产品则选取犀牛软件。建模的过程前后都需要反复核对三视图，反复修改与深入，使产品的造型在货架上足够吸引人。

需要注意的是，在使用ZBrush建模时，应该注意以下几点：

（1）熟悉软件操作。ZBrush是一款功能强大的软件，建议先熟悉软件操作再进行建模，以免浪费时间和精力。

（2）注意模型细节。ZBrush的细节雕刻工具非常强大，可以创造非常细致的模型。但在使用细节雕刻时，应该注意模型的整体比例和平衡，避免过度细节导致整体模型失衡。

（3）了解输出需求。在进行建模时，应该了解输出需求，如模型尺寸、材质等，以便在建模过程中进行相应的调整。

（4）维护模型流畅性。在使用ZBrush进行建模时，应该维护模型的流畅性，以免细节过多而导致模型变得不可操作或输出不稳定，如图2-23、图2-24所示。

图2-23　根据平面三视图进行三维模型建模（产品见案例　崽崽）

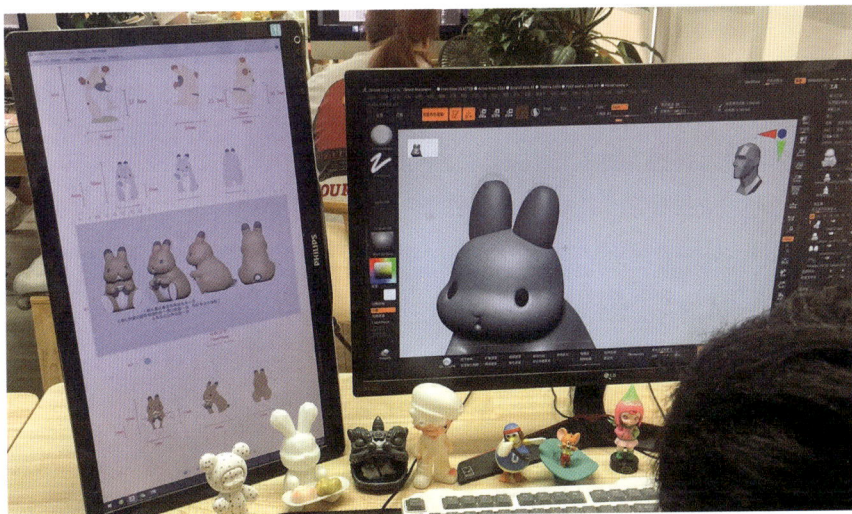

图2-24　根据平面三视图进行三维模型建模（产品见案例　提摩西小分队）

【课后训练】

请同学们对自己设计的树脂、塑料产品进行建模渲染，要求源文件格式和jpeg格式渲染图片提交，课后上交打分，下次课堂进行点评。

扫二维码观看教学视频

8.潮玩建模

第三节　设计优化验工艺

任务五　3D 白模打印与泥雕模型

【任务简介】

本节通过训练，需要学生掌握3D打印、油泥雕刻、模具制作、翻模等技能操作。

【任务目标】

本节学习重点是掌握3D打印技能要点；掌握模具制作方法。

本节学习难点是掌握产品建模、打印、组合零件、模具制作等技能。

【本节内容】

一、批量生产与模具

批量生产离不开模具。工业背景下批量生产的产品，研发阶段往往漫长且消耗成本，塑料工艺的成型（注塑、搪胶、软胶工艺）需要高温，所以需要使用相对较昂贵的金属模具。而PU树脂使用的是冷固法，需要大量的模具进行翻模。如果因设计不谨慎导致产品最终出现问题，那么损失将是巨大的。为了避免损失，在正式批量生产前，需要通过对样机的反复评估与研究，不断优化工艺的可实施性、人际关系的合理性、功能的完整性。

企业往往在这一阶段，利用产品模型作为实验依据，反复进行产品功能实验、结构分析、材料应用、生产工艺制订、生产成本核算等相关问题的分析与研究，通过样机模型的各项综合指标，最终确定产品是否可以批量生产。本阶段是保证产品能够顺利生产、销售的关键环节，也是产品商务洽谈的重要依据。

翻模验证中母模的制作伴随着数字化和3D打印技术的普及，从传统的精雕油泥发展为使用计算机建模后3D打印出母模（模种）塑料，所以，树脂产品可以使用计算机的数字化建模，呈现和传统的泥样呈现两种方式（图2-25）。

图2-25　3D打印实训

二、数字化模型——3D打印

潮玩3D打印是当今很流行的制造技术之一，通过添加材料，将数字模型转换为物理对象。3D打印技术可以制造出各种形状和大小的物体，包括潮玩本体、装饰品、零部件等，可以轻松地制造出具有复杂形状和结构的物体，而且制造时间较短，制造成本也较低。

一般来说，将建模后的产品进行3D打印测试，在拿到3D打印后的白模后需要观察外观是否符合设计稿，产品的连接结构是否能够正确咬合，表面是否光滑，组合后的产品是否达到预期效果。如果打样失败，需要找到原因，继续深入修改方案，进行多次打样测试（图2-26）。

图2-26　3D打后白模试色

三、手工模型——泥样雕刻

油泥雕刻需要根据三视图人工雕刻出设计原型。此类方法比较考验设计师的动手能力及雕塑造型能力，但由于传统手工模型制作方法具有便捷、快速、经济等优势，在现代设计中仍然发挥不可替代的作用。

一般来说，需要先将油泥放入电饭煲融化至柔软的状态，再通过手工、雕塑工具不断塑形。

1.制作基础骨架

首先，根据设计草图或想象力进行制作。如果是制作较大的造型，需要制作出一个基础骨架，通常使用铁丝、木棍、塑料管等材料。

2.制作基础形状

根据基础骨架，使用油泥或其他塑形材料，制作出基础形状。这个过程可以使用手工刻刀、锉刀等工具进行粗略雕刻和塑形（图2-27）。

3.细节雕刻

在完成基础形状后，使用各种工具和技术，如雕刻刀、扫把刀、指甲刷等，进行细节雕刻。这个过程需要花费很多时间和精力，通过反复雕刻、润色、打磨，使模型的细节越来越精细。

4.完成润色

当模型的雕刻细节达到满意程度后，可以使用湿抹布或钢丝球等工具，对模型进行润色和打磨，使其表面更加光滑（图2-28）。

5.上色和装饰

为模型上色或添加各种装饰，如眼睛、服装、配件等，使其更加生动、有趣。在雕刻完成后，需要反复与设计师对比图样并进行修改。

图2-27　油泥师傅根据设计稿进行油泥雕塑

这里的毛毛不要

这里的毛少一点
稍微表达一点就可以
因为狼的毛是很短的

图2-28　油泥雕塑修改过程（最终产品见优秀案例）

【课后训练】

请同学们选择适合自己的方式进行产品的打样，要求作品完整精细，与渲染图对应，作品下节课课前打分、点评交流。

扫二维码观看教学视频

9.材质工艺介绍

任务六 模具制作与翻模验证

【任务简介】

本节通过训练，让学生了解制作模具、翻模、打磨、上色的工艺流程。

【任务目标】

本节学习重点是掌握如何将3D打印或油泥雕刻的产品制作模具、翻模、打磨、组装、上色。

本节学习难点是掌握制作的工艺与操作细节。

【本节内容】

一、制作流程

树脂的制作流程主要为：打磨抛光母模（扫去堆积粉末→坑洞填补→抛光）拆分部件→固定零件→制作基座→制作围墙，保证零件位置在正中→灌注硅胶→硬化后切开模具（只需要切开三个面）→围高注料槽→注入树脂→打磨矫正→拼接上色。

接下来大家可以制作简单的模具，并完成翻模练习。

（1）我们需要先做好的母模模具抛光，如果模具是哑光的朦胧雾面效果，那么最终翻模出来的透明材料看起来也会是不透明的。

（2）先制作模具其中的一半，如图2-29所示，用黏土捏制成与树脂相符合的形状，并在周围打孔，这些孔洞的作用是防止变形，使两半模具紧密结合。

（3）用硅胶板紧贴黏土周围制作一个模框，这一步需要注意需要把缝隙密封完整，才不会导致后续的硅胶液体渗出。

（4）调和配置硅胶，根据用量调配，这一步需要注意需要将材料充分混合，否则会出现固化不完全的情况（图2-30）。

图2-29　工厂模型制作——树脂模型固定

图2-30　工厂准备模具硅胶

（5）使用真空泵进行真空脱泡处理，使做出来的模具减少密密麻麻的小气泡。

（6）缓慢倒入硅胶。

（7）等四小时左右，液体硅胶固化后，就可以开模了，至此就完成了两半模具中的一半。

（8）另一半用同样的方式制作，即完成两半硅胶模具的制作。

在大批量生产中，一般六个为一组，进行批量翻模（图2-31）。在翻模后，人工打磨合模线等瑕疵部分，如图2-32所示。打磨完成后需要对样品试色，确定产品最终颜色，之后根据不同的设计图和试色，确定相应的上色方式（图2-33、图2-34）。

图2-31　批量树脂模具

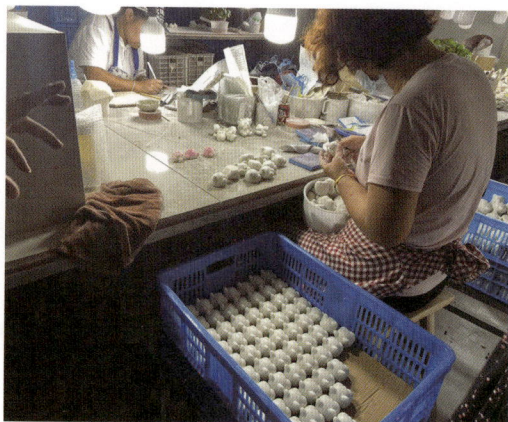

图2-32　手工打磨

图2-33　使用真空消泡机消泡

图2-34　样品试色

二、产品上色方式

产品上色方式常见的有：喷漆上色、油漆彩绘、喷漆、移印、电镀。

1. 喷漆上色

喷漆上色是最常见的上色方式之一。通常使用喷漆工具将颜色均匀地喷涂在潮玩表面，可以使用不同的颜色组合，来创造各种各样的效果。不过需要注意的是，喷漆需要选择合适的喷漆材料，并在通风良好的地方进行操作，以避免对人体造成损害（图2-35）。

2. 手工油漆彩绘

油漆是一种更为传统的上色方式，通常使用小刷子或棉花棒将颜色涂在潮玩表面，可以达到非常精细和细腻的效果。但油漆需要较长时间干燥，且过程较为烦琐（图2-36）。

3. 移印

移印是一种常见的印刷方式，可以将图案或图像印刷到潮玩表面（图2-37）。

4. 电镀

电镀是一种常见的表面处理方式，可以使潮玩表面呈现出高亮度、金属光泽、质感强的效果。这种效果能够增加其观赏性和提高收藏价值（图2-38）。

需要注意的是，上色时需要选择合适的材料和工具，并在通风良好的地方进行，同时遵循相关的安全操作规程。另外，上色需要有一定的技术和经验，根据不同的设计效果选择不同的上色工艺。

图2-35 喷漆

图2-36 手工彩绘

图2-37 移印

（a）T款：电镀紫色隐藏款 （b）S款：电镀粉色隐藏款

图2-38 电镀效果

【课后训练】

请同学们将3D打印或泥样雕刻的打样成品制作成模具，并使用树脂翻模，将完成翻模后的模型进行打磨处理并上色。下节课课堂检查作业并打分。

扫二维码观看教学视频

10.树脂翻模

11.生产流程和成品展示

第四节　设计转化评作品

任务七　评价潮玩设计作品

【任务简介】

本节通过学习，让学生掌握设计评论以及设计定位的要点与方法。

【任务目标】

本节学习重点是掌握设计评价。

本节学习难点是掌握评价的标准与方法。

【本节内容】

在产品设计开发完成后需要进行设计评审，这是一个非常重要的步骤，方便企业对设计进行评估与上市前的调整与商业判断。管理层需要根据评审的结果而决定产品是否继续、返工、停止等决策。对于设计师来说，评审和评估也是一个可以将自己的工作进行梳理、反思逻辑思维能力、思辨能力的机会。

一些常见的产品设计评审方法将马斯洛的需求层次：生理需求、安全需求、社交需求、尊重需求和自我实现需求，应用于产品设计中的评估方法中，即功能性、可靠性、可用性、关联性、创造性（图2-39）。我们可以使用SWOT分析法更具体地评估产品。

我们的工作流程为：以小组为单位整理产品，归纳出S/W/O/T之后进行组合策略输出。SWOT分析是一种常用的产品设计分析方法，可以帮助设计者评估自己设计的潮玩产品的优势、劣势、机会和威胁。以下是使用SWOT分析方法评估潮玩设计的步骤：

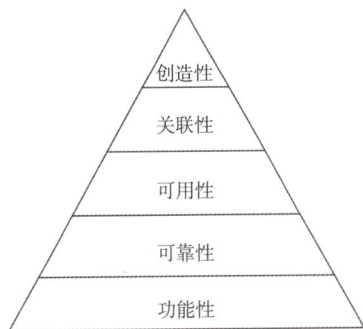

图2-39　设计的需求层次

一、分析优势（Strengths）

考虑自己设计的潮玩产品有哪些优势，如独特的设计、优质的材料、精湛的工艺等。列出这些优势，并思考它们如何为产品带来竞争优势。在分析潮玩设计的优势时，可以考虑以下问题：

1. 设计独特性

潮玩设计需要具有吸引人的独特性，考虑设计中是否有突出的特点，是否可以吸引目标受众的注意力。

2. 制作工艺

制作工艺是潮玩设计中非常重要的环节之一，可以考虑制作工艺是否精湛，是否符合设计预期，是否容易制作和生产。

3. 材料质量

材料质量是潮玩设计中的关键因素，可以考虑材料质量是否高品质，是否可以长时间保持良好的外观和品质。

4. 定价策略

价格是购买者决定是否购买的关键因素之一，可以考虑产品定价策略是否合理，是否能够满足目标市场的需求。

二、分析劣势（Weaknesses）

考虑自己设计的潮玩产品有哪些劣势，如不够成熟的设计、生产成本高等。列出这些劣势并思考如何克服，以提高产品的竞争力。在分析潮玩设计的劣势时，可以考虑以下问题：

1. 设计成熟度

潮玩设计需要经过多次的设计迭代和测试，才能够达到成熟的程度，可以考虑设计是否经过充分的测试和验证，是否需要进一步改进和优化。

2. 制作成本

制作成本是影响产品盈利能力的重要因素之一，要考虑制作成本是否高昂，是否会影响产品的销售和利润。

3. 生产能力

潮玩设计需要有足够的生产能力来保证能够满足市场需求，可以考虑生产能力是否充足，是否需要进一步扩充。

4. 品牌知名度

潮玩设计需要建立起品牌知名度和品牌价值，可以考虑品牌知名度是否够高，是否需要进一步推广和宣传。

三、分析机会（Opportunities）

考虑市场和行业的机会，如市场需求增加、新技术的出现等，以及如何利用这些机会来提高产品的市场份额。在分析潮玩设计的机会时，可以考虑以下问题：

1. 市场需求

市场需求是潮玩设计成功的重要因素，可以考虑市场需求是否足够大，是否需要进一步扩展目标市场。

2. 技术创新

技术创新可以为潮玩设计带来更多的机会，可以考虑是否有新的技术可以用来优化设计。

3. 合作伙伴

合作伙伴可以提供更多的机会，可以考虑是否有合适的伙伴可以为潮玩设计提供更多的机会，比如提供更好的资源和支持。

四、分析威胁（Threats）

考虑市场和行业的威胁，如竞争加剧、原材料涨价等，以及如何应对这些威胁，保护产品的市场地位。在分析潮玩设计的威胁时，可以考虑以下问题：

1. 竞争压力

竞争压力是潮玩设计面临的最大威胁之一，可以考虑竞争对手的数量、市场占有率和市场份额等，以及如何应对竞争压力。

2. 政策变化

政策变化可能会对潮玩设计带来影响，可以考虑政策变化是否可能对潮玩设计产生影响，如何应对政策变化。

3. 经济环境

经济环境是潮玩设计面临的另一个重要威胁，可以考虑经济环境是否稳定，是否会对潮玩设计产生负面影响。

4. 技术风险

技术风险可能会对潮玩设计带来影响，可以考虑是否存在技术风险，如何应对技术风险。

总体而言，使用SWOT分析方法来评估潮玩设计时，需要全面考虑各个方面的因素，并制订相应的应对策略，最大程度地利用优势、避免劣势、抓住机会、应对威胁，以实现潮玩设计的成功。

在分析完这四个方面后，可以综合考虑所有因素，得出一个对自己设计的潮玩产品的综合评价。此外，还需要注意以下几点：

1. 考虑客户需求

在进行SWOT分析时，需要考虑客户需求和喜好，以便确定产品的市场定位和设计方向。

2. 按重要性排序

在列出优劣势、机会和威胁时，可以根据其重要性对其进行排序，以便更好地把握关键问题。

3. 持续更新

SWOT分析是一个动态的过程，需要随时根据市场和行业的变化进行更新和调整。

通过SWOT分析，可以更加全面、系统地评估自己设计的潮玩产品的优势和劣势，从而为产品的改进和提高提供有价值的指导和参考。

【课后训练】

请同学们以小组为单位，与其他组交换作品进行设计评论与分析。要求在A1尺寸的KT板上进行分析，形式不限。课后由组长扫描并提交jpeg.格式。下节课分享点评。

第三章 时尚金属首饰礼品设计实务

导入任务

本章时尚金属首饰礼品设计项目来自浮饰玖师生专创工作室，要求以金属首饰为载体，以传统工艺中的珐琅工艺为切入点进行设计实践。从文化、工艺、设计的角度，进行针对性的案例学习和方案验证。珐琅工艺作品以金属作为胎底，其色彩艳丽持久的特点令人喜爱，并多次以国礼的形式出现在多个重要国际场合。珐琅工艺始于国外，却兴于我国的明清时期，创造了许多瑰宝。因此，在本章节的金属首饰礼品设计中，将以珐琅工艺作为主要表现形式，对金属首饰礼品进行创新设计。

明确目标

◎ 学习目标

学习本章时，同学们要了解金属首饰加工工艺和传统珐琅工艺的创新应用，了解珐琅工艺的文化背景和历史沿革，感受珐琅工艺在金属首饰及工艺品领域的魅力，将珐琅工艺与时尚金属首饰融合创新。

◎ 重点与难点

本章学习重点是通过珐琅工艺文化和时尚金属首饰的创新设计的了解，将珐琅工艺与时尚金属首饰礼品进行融合创新。

本章学习难点在于传统设计元素的提炼创新以及珐琅工艺的创新应用。

分析任务

随着互联网时代的到来，信息和文化的交流也变得更加的快速和便捷，人们逐渐开始对精神世界展开了追求和向往，对物质本身的文化内涵开始变得重视。一些独立设计品牌和设计工作者逐渐开始研究带有民族特色设计作品。时尚金属首饰这一载体正适合人们对于精神追求的物质体现。伴随着"非遗传承、文化创新"的浪潮，涌现一批对传统工艺进行创新应用的群体，而珐琅工艺正是其中特色鲜明、色彩绚丽、夺人眼球的工艺之一。珐琅工艺虽为舶来品，在我国得以传承和创新，多次在我国的重要场合以国礼的形式出现，这足以体现我国兼容并蓄、坚持创新的良好品质。因此，做好时尚金属珐琅首饰的创新设计是本章节的重要目标。

实施任务

第一节　设计探源解文化

任务一　解读金属首饰及珐琅文化

【任务简介】

本任务要求学生去学习和掌握一定的文化理论知识，为后续学习过程中奠定知识基础，同时提高一定的审美及文化素养，了解珐琅金属首饰的魅力以及文化历史背景，对比国内外珐琅作品，了解珐琅工艺的起源与发展。提高学生对传统工艺更深层次的认知，从而达到传承与创新的目标。

【任务目标】

本节学习重点是赏析珐琅金属首饰，学习并了解珐琅工艺的起源和发展。

本节学习难点是了解和探索工艺与文化之间的联系并思考传统珐琅工艺的创新设计应用与传承。

【本节内容】

一、珐琅工艺的起源

本章节内容中关于珐琅工艺的起源和发展，包括各种珐琅工艺出现的年代，都是在已知文物实物的基础上得出的。珐琅工艺被认为最早出现在古埃及时期。在古埃及文明和美索不达米亚文明中都有一种类似珐琅工艺的、将玻璃和细金工结合在一起的工艺，如图3-1所示。这种工艺可以将彩色玻璃和半宝石镶嵌到金属当中；也可以先以錾刻或其他方式在金属底板上做出凹槽，再将熔化的玻璃倒入其中，令液态的玻璃充满凹槽的每个角落，玻璃冷却后就固化在金属上。这种工艺无疑和后来的珐琅工艺有着密切的关系，并且珐琅工艺很有可能正是由此发展而来。但应明确的是，这种工艺并不是现今所指的严格意义上的珐琅工艺，可以称为珐琅工艺的早期参照。

目前已知并由福布斯学者指出的最早出现珐琅工艺的实物装饰是6枚戒指，出土于公元前1200年普鲁斯岛上的一座古墓中，属于迈锡尼文明晚期。如图3-2所示就是其中一个戒指。戒指的表面用金丝做出装饰图案，并在金丝之间填烧珐琅。由于年代久远，珐琅釉料已经部分脱落。

图3-1　项链（美索不达米亚北部，公元前16—公元前13世纪）

图3-2　迈锡尼掐丝珐琅黄金戒指

二、珐琅工艺的发展

公元前6世纪前后的古希腊时期，人们开始把珐琅工艺和珠宝工艺结合在一起。在西班牙的塞维利亚和加的斯都曾经出土过大约公元前5—公元前4世纪制作的、属于腓尼基文化的、使用了珐琅工艺的饰品。

一位古罗马时期的希腊作家斐罗斯屈拉特（Philostratus）在书中提到凯尔特人、法兰克人、维京人和撒克逊人时，说："来自北方的野蛮人把某种灰色的沙子熔化在金属上，冷却后成为颜色鲜艳而坚硬的材料，当时被武士们用来装饰盾牌、马胄或者头盔之类……他们入侵罗马帝国，将这种装饰工艺带到了欧洲的中部。"从书中的描述来看，这种用来装饰的工艺很像今天的珐琅工艺。沙子的主要成分是二氧化硅，把"沙子融化在金属上"意味着将沙子和金属共同加热，至少是把沙子放在金属上加热直至熔化，也就是说温度达到了沙子的熔点，这几点都符合前面所讲的珐琅的定义。

从11世纪开始，珐琅工艺迎来了蓬勃发展的时期。从这一时期起，法国的利摩日成为对珐琅工艺非常重要的一个地区。那个时期在利摩日地区聚集了很多珐琅工作室和优秀的珐琅匠人，为皇室、贵族和教堂制作各种融合了珐琅工艺的宗教用品，如十字架、圣像、圣器盒等。正是当时这种宗教用品的大量需求推动了珐琅工艺的发展。如图3-3所示为中世纪早期的珐琅彩圣骨匣，材质为镀铜合金和珐琅釉，目前收藏于大英博物馆中。

从中世纪到文艺复兴时期，工匠们在制作作品的过程中不断改进已有的珐琅工艺和珐琅釉料，发明了许多新的工艺。例如，出现了透明釉料和雕金珐琅工艺、画珐琅釉料和画珐琅工艺及透胎珐琅工艺。

在新艺术运动时期，艺术家和工匠们从设备和工艺上对珐琅工艺进行了改良，从而使珐琅工艺达到了一个新的高峰。在这一时期，经常可以看到在一件作品上同时使用了几种不同的珐琅工艺，工艺难度大大增加，艺术效果更加丰富。另外，在新艺术运动时期的珐琅作品中，透胎珐琅工艺得到大量应用，铸造的金、银框架支撑着薄薄的、可以透光的珐琅釉料，轻巧灵动，色彩绚美，特别适合用来表现细致轻薄的花瓣、昆虫或精灵的羽翼等。最具典型性的新艺术时期首饰就是雷诺·拉里克（René Lalique）的经典作品，如图3-4（a）所示。如图3-4（b）所示为一件新艺术运动时期的透胎珐琅吊坠，轻盈的透胎珐琅与欧泊和珍珠的完美结合，巧妙地再现了植物的美妙结构。

图3-3　珐琅彩圣骨匣（公元1200年）

（a）　　　　　　　　（b）

图3-4　新艺术时期珐琅作品

珐琅工艺从问世之初直到今天一直受到人们的喜爱，经常出现在高级珠宝、钟表或者现代艺术首饰的设计中，和贵重宝石、半宝石或者贵金属材料搭配在一起，散发出独一无二的光彩。

珐琅工艺自诞生起，始终以线性的轨迹向外传播。从两河流域诞生，发展到古埃及，随后从地中海沿岸又传播到西亚、中亚、途经中国后继续东传到日本等地。珐琅工艺落地后大都结合本民族的艺术特征，比如，17、18世纪法国的画珐琅工艺通过海上丝绸之路传入中国广州，为中国珐琅（景泰蓝）工艺注入新的工艺种类。

三、传统景泰蓝常见纹饰及文化含义

我国的景泰蓝工艺就是珐琅的一种，为铜胎掐丝珐琅。"景泰蓝"一词最早见于清雍正六年的《各作成做活计清档》中，"其仿景泰蓝珐琅瓶花不好"。明景泰年间将珐琅工艺发展到高潮，因此清代雍正年间把模仿明景泰的珐琅器称为"景泰蓝珐琅"，就有了"景泰蓝"这个名字。在东方的发展中，珐琅渐渐淡化了西方的风格，与东方人的爱好和审美相融合，用珐琅绘制出螭龙、兽面、莲花、山水等带有中国传统吉祥意蕴的繁复纹饰，巧妙传达出人们对于美好生活的向往和祝福。

1. 缠枝纹

缠枝纹属于传统纹样中的一种，通常在瓷器上使用得较多，主要用植物的枝干或枝蔓的茎干做图案的骨架，可随意向上下左右延展，形成二方连续或四方连续纹样图案，循环往复、变化无穷。该纹样在宋、元、明、清时期比较流行（图3-5）。

图3-5　清代掐丝珐琅缠枝纹双兽耳炉

2. 花卉纹

花卉纹即以各式各样的花卉作为题材的纹样，属于传统纹样之一，在掐丝珐琅工艺中随处可见。它们凭借优美而独特的形态，具有极高的欣赏价值和实用装饰价值（图3-6）。

图3-6　芍药纹掐丝珐琅观音瓶

3. 龙纹

龙纹是我国传统的图案之一，有的也称为"夔纹"或"夔龙纹"。龙纹是一种文化象征，与中华民族的传统文化保持着广泛而深刻的联系（图3-7）。

图3-7 掐丝珐琅龙纹瓶（清）

【课后训练】

1. 收集并绘制传统景泰蓝纹饰10张。

2. 罗列西方珐琅变迁，谈谈对于东方景泰蓝的影响及其变化和创新之处。

扫二维码观看教学视频

12.景泰蓝工艺

任务二 解析珐琅工艺

【任务简介】

本节任务要求学生学习和了解珐琅工艺的种类和工艺特点，学习不同珐琅工艺的制作流程、使用技法、工具、材料等，为后续设计制作实践过程中奠定知识基础。同时，提高审美及文化素养，学会根据不同的设计方案选择合适的珐琅制作工艺。提高学生对珐琅工艺的认知，更好地实现设计方案。

【任务目标】

本节学习重点是了解珐琅工艺的类别，初步掌握珐琅的工艺特点与技术要点，使学生对珐琅工艺的工艺特点与技术要点有一定的认知。

本节学习难点是结合珐琅工艺的特性与效果呈现，使学生具备能对经典案例进行正确分析评价以及在现代饰品中运用珐琅工艺的创新意识的能力。

【本节内容】

一、珐琅工艺材料及技法

1. 珐琅釉料的种类

目前，市面上面常见的珐琅釉料有粉状的珐琅釉料、块状的釉料、油彩质的釉料、水彩类或者丙烯类的液体釉料，还有釉料彩铅、油料粉笔或者贴花纸类的釉料（图3-8）。粉状类的釉料大多数是80目。可以根据自己的需要制作或购买所需型号的箩筛，如60目、80目、100目、200目和325目。然后，用箩筛把粉末筛分成不同目数，以备不同的用途。油彩质珐琅比液体珐琅更好用，因为油彩质釉料非常细腻，比325目的粉末还要细。可以购买提前混好油性物质的管装成品，也可以购买固体的，然后根据需要混合油或水。混合好后的珐琅釉料很像油画用的油彩，因此可以在烧制好的珐琅器物表面进行新一层的绘画创作。

图3-8 釉料种类

2. 制作底胎的金属材料

在珐琅底胎的金属材料选择方面，最常用的是铜、纯银、标准银、金、K金、铁和钢等几种。金属和珐琅在加热的同时都会热胀冷缩，如果珐琅釉料的膨胀系数比金属高，就容易从金属表面剥落。金属的熔点一定要高过珐琅，否则当釉料熔化时，金属也会被熔化掉。所以，在选择金属底胎的时候，要充分了解它的构成成分，因为有些合金中含有锌的成分，而锌会在珐琅表面形成坑洞或变色。如果对金属和珐琅的搭配拿捏不准，也可以选择几种不同的金属，依次进行实验。

3. 纯铜

纯铜也叫紫铜，在珐琅工艺中也是最常采用的金属之一。因为价格相对低廉并且容易切割和锻造，比较适合进行大体量的珐琅艺术作品，常见于景泰蓝制品（图3-9）。

图3-9　铜胎掐丝珐琅

4. 纯银和925银

纯银就是精炼银，是指纯度在99.5%以上的纯银。用其进行烧制透明珐琅时，可以将金属的银色表现得闪闪发亮。纯银在加热时基本不会产生氧化物，不仅可以省去清洁过程，还可以进一步提高透明珐琅的光泽感。缺点是它质地柔软，加热或冷却时容易弯曲变形（图3-10）。925银是由92.5%的精炼银和7.5%的铜形成的合金，使用起来也很方便。由于它不容易弯曲变形，因而在制作管状或大件物品的时候，标准银比精炼银更适合。虽然烧成后透明釉料的颜色不像在精炼银表面那么有光泽，因为标准银中含有铜，所以在加热时会产生铜锈。如果有条件的话，可以在涂烧珐琅之前，在标准银底胎上电镀一层精炼银。

图3-10　银胎掐丝珐琅戒指

5. K金

采用黄金作为底胎的珐琅艺术品是非常奢华绚丽的。纯金是所有金属中光泽感最好的金属，由于黄色的表面会反射更多的光线，因而使透明珐琅显得格外漂亮。由于纯金质地较软且价格昂贵，因而在现代珐琅艺术创作中已经不常使用了，而金、银和铜按一定配比构成的K金则经常会被用到。为了既达到和纯金相似的色彩效果同时能节省成本，我们可以根据色彩层次的需要，从22~24K的金箔片中选择合适的材料，贴在金属底胎表面。

6. 如何选择金属底胎材质

首先，要明确将要制作的珐琅作品结构、大小和成型方式，在这基础上才能够正确地选择金属类型和规格。不管是用电窑加热还是用喷枪加热，金属都会膨胀或收缩，而珐琅被加热并黏附在金属上时也会膨胀或收缩，但是两者的程度会有所不同（表3-1）。

表3-1　金属熔点数据表

金属名称	熔点（℉）	熔点（℃）
18K青金	1770	966
24K黄金	1945	1063
铝	1220	660
黄铜	1749	954
青铜	1945	1060
紫铜	1981	1083
仿金铜锌合金	1950	1065
铁	2793	1535
低碳钢	2750	1511
镍银（铜镍锌合金）	2020	1110
铂金	3225	1774
纯银（990银）	1762	961
标准银（925银）	1640	920
不锈钢	2500	1371
钛	3272	1800

7. 金属底胎清洁

在上釉料之前，应该将金属表面完全清洁干净。金属底胎一旦切割完毕或焊接成型之后，就应该立即清理它的表面。清洁和制备常用金属的方法有很多种，可以根据将要完成的器物或将要使用的技术来选择合适的方法。如何验证金属表面是否清洁干净了呢？我们可以通过使用流水在金属表面经过，如果有水珠残留在金属表面，则表明清洁未完全，要重新清洗一遍，直到水流可以在表面均匀流淌（图3-11）。不同的材质可以使用不同的清洁方法，最常使用的方式就是使用百洁布，或者钢丝刷在流水中擦拭金属直至洁净，也可以使用化学手段将金属置于酸性溶液去除油脂。如果是纯银材质，则可以使用高温加热法，925银可以使用脱合金法。

图3-11　清洁对比

8. 清洗珐琅釉料

块状的珐琅釉料通过使用玛瑙研磨钵进行碾碎，变成细碎的颗粒状，在研磨的过程中容易产生一些粉尘残渣，因此，我们需要对釉料进行清洗。清洗流程通常分为三步：

（1）把准备清洗的釉料放入干净的容器中，加入至少两倍的水。用盖子把容器盖紧，摇晃直到水变浑浊。

（2）等所有的珐琅釉料都沉淀到容器底部后，把水倒到另外一个容器里。如果想尽可能多地保留釉料，可以在此步骤中使用咖啡滤纸。

（3）重复1~2步，直到倒出的水是干净的。建议在清洗完的最后两遍使用蒸馏水，因为自来水里含有的矿物质会使珐琅釉料分解得更快（图3-12）。

图3-12　釉料清洗步骤

9. 填料与烧制

珐琅施釉料时，若采用筛釉料的方法，还需要把洗涤后的珐琅釉料放入干净的锡箔纸中烤干。筛珐琅釉料时，需要注意筛釉料的均匀度，尤其第一层不宜太薄也不过厚，太薄影响后期珐琅成色效果，过厚在后期烧制时易出现珐琅釉面崩裂脱落。第一层筛釉料时，四周边缘要着重筛釉料，防止烧制时发生缩釉现象。施珐琅釉料后，一定要等到珐琅釉料彻底干燥后，才可进入高温炉内烧制，否则烧制过程中，水汽会携带弹开一些珐琅釉料粉末。珐琅粉末所呈现的颜色取决于混入的金属氧化物种类，不同金属氧化物所需温度不同。温度过高或时间过久，会导致珐琅釉面焦灼颜色暗沉。所以，烧制珐琅时先从温度高且时间久的颜色开始烧制，最后烧制温度低、时间短的珐琅釉料颜色。因此，制作一套色卡（图3-13），用来对比不同温度下烧制珐琅所得到的颜色变化，有助于预先估计烧制的次数以及每次烧制对各种颜色产生的影响，来还原预先设定的颜色（图3-14、图3-15）。

图3-13　珐琅色卡

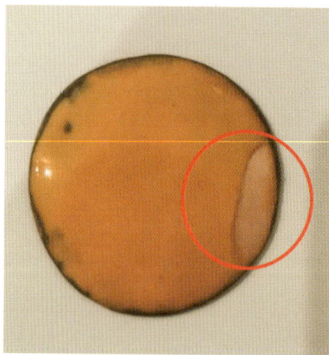

图3-14　崩裂现象（学生作业）　　图3-15　釉料渗出过界（学生作业）

10.珐琅烧制时对于温度和时间的控制

珐琅的烧制温度要低于胎体的熔点，这使珐琅粉先于胎底熔化。同一颜色珐琅釉料在烧制时因时间长短不同，会出现不同的肌理效果，为珐琅首饰设计增加了更多的可变性及趣味性。珐琅釉料在烧制中根据时间长短一般可分为四种釉面肌理效果，分别是砂糖状釉面、橘皮状釉面、光洁平滑状釉面、焦灼状釉面（图3-16）。

（a）砂糖状釉面　　　　　　　　　　　　　（b）橘皮状釉面

（c）光洁平滑釉面　　　　　　　　　　　　（d）焦灼状釉面

图3-16　釉面效果

（1）砂糖状釉面。珐琅釉料烧制时间较短时，珐琅釉料在高温烧制时刚开始融化附着在胎体表面不脱落，但仍呈现颗粒状。

（2）橘皮状釉面。珐琅釉料烧制时间中等时，珐琅釉料在高温烧制时融化附着在胎体表面不脱落，但呈现不平滑的类似橘皮的釉面效果。

（3）光洁平滑釉面。珐琅釉料烧制时间长短适当时，珐琅釉料在高温烧制时完全融化，附着在胎体表面不脱落，呈现平滑光洁的釉面效果。

（4）焦灼状釉面。珐琅釉料烧制时间稍长时，珐琅釉料在高温烧制时完全融化，附着在胎体表面不脱落，胎体通体发红，珐琅釉料呈现较暗的颜色，类似焦灼的釉面效果。

二、常见的几种珐琅工艺

1. 掐丝珐琅

掐丝珐琅是珐琅首饰设计中最流行的珐琅技术之一，由于它工艺操作难度适中，可操作性和创新性强，因此被广泛使用。利用金属丝的延展性可以创造任何想要的图案，即使是最微妙烦琐的图案。相比金工雕刻和焊接，掐丝珐琅更容易创造精确的图案，并且可以产生比宝石更丰富的颜色。

如图3-17所示，作品运用了掐丝珐琅工艺，并综合运用了珍珠镶嵌工艺、金属雕刻工艺。该作品将人物元素抽象化为美人鱼元素，通过掐丝的方式运用几何线条概括出来，与几何三角形的金属边框和錾刻纹样相呼应。掐丝珐琅可以满足不同风格首饰设计，不受限于镶嵌工艺的制约，具有很高的容错率。掐丝珐琅工艺在珐琅首饰设计中占有重要地位。

2. 微绘珐琅

微绘珐琅是珐琅工艺的一个巅峰，常见用于高级腕表的表盘设计。工艺方面，先在金属胎体表面施以一层均匀的浅色釉料，通常以白色作为底釉，再用其他不透明的釉料绘制图案的轮廓，然后，施以各色釉料，层层叠加绘制。微绘珐琅不需要金属丝作为分隔线，只需每次施以一种颜色的釉料，每种颜色分开施釉，依次逐层地烧制。最后一次所施以釉料的温度和时间应低于前次所施以的釉料。微绘珐琅充分体现了珐琅工艺中最重要的特点形、纹、色，具有其他首饰设计工艺所不具有的绘画性，但因自身工艺和烧制的复杂性以及釉料的高贵性，限制了微绘珐琅在首饰设计中的大量应用（图3-18）。

图3-17　人鱼掐丝珐琅

图3-18　江诗丹顿（Vacheron Constantain）微绘珐琅表盘

3. 内填及錾胎珐琅

除了可以利用"掐丝"塑造便于填涂珐琅釉料的"间隔"，还可以利用蚀刻、雕刻、铸造等工艺，使珐琅金属底胎形成凹槽来进行釉料填充，这便是内填珐琅。在制作工序上与掐丝珐琅极为相像（图3-19）。

（a）内填珐琅　　　　　　　（b）錾胎珐琅

图3-19　内填及錾胎珐琅

【课后训练】

1. 选择合适的釉料进行研磨清洗和储存。

2. 选择合适的金属胎底，进行清洁实验。

3. 拓展搜集珐琅工艺种类，总结技法步骤和原则。

扫二维码观看教学视频

13.花丝镶嵌（1）　　14.花丝镶嵌（2）

第二节　设计创新构方案

任务三　元素提炼运用

【任务简介】

本任务要求学生学习元素提炼及运用的理论知识。从形、色、质等角度掌握产品设计特点，以海洋元素为例进行案例解析，为同学们的方案设计提供理论基础和参考范例。

【任务目标】

本节学习重点是选取符合主题的元素的方式方法。

本节学习难点是符号应用与方案绘制。

【本节内容】

一、海洋元素形态的选取及应用

1. 海洋元素形态的选取

元素提取设计应是在吸收、融合原有的元素基础上，创造具有审美价值新语义的产品。在众多海洋形态中，通过采取仿生学原理进行元素提取，可以是整个物体形态的提取，也可以是某一元素的提取。例如，对于鱼的形态提取，首先通过收集大量鱼形，选取有设计灵感的形态，把动态捕捉定格在我们的设计中，或者采用其中的鱼鳞作为设计元素，通过对点线面的处理关系、整体与局部、对比与协调、对称与平衡、重复与节奏的首饰设计法则，将海洋元素与首饰完美结合（图3-20）。

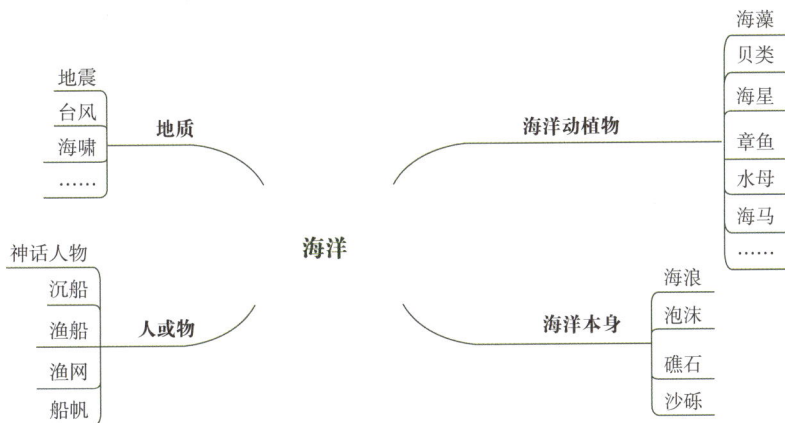

图3-20　头脑风暴图（作者：华丽霞）

2. 海洋元素形态的应用

意大利珠宝商Antonini推出的"Atolli"系列，设计元素来自海洋中珊瑚礁形成的环状岛屿，又称为"环礁"。提取海洋元素"环礁"加以用流线型的双层几何设计来呈现这一独特的主题。用空间的构成形式使每一件珠宝的"环礁"都由两层组成，上层是弧形如岛屿的"环岛"金质圆盘，下层镶嵌宝石，宝石排布采用近似的构成形式，在大小上并不完全相同，在统一的设计中呈现生动变化的效果。近似程度的大小与设计效果紧密相连。近似程度大，体现的效果就与重复手法类似；近似程度小，就会打破规矩使整体效果，体现另一种灵动的韵味。在视觉效果上，镶嵌的钻石如同环岛中波光粼粼的海水。还有一款是在"环岛"中镶嵌煤精，就如同夜幕中的环礁湖。项圈的金圈使用流线型设计，末端连至两个"环礁"，刚好位于佩戴者的锁骨之间。戒指的形式与项圈基本一致形成系列化设计（图3-21）。

图3-21 "Atolli"环礁系列

二、海洋元素色彩的提取与应用

1. 海洋元素色彩的撷取

当视觉感官受到外界色彩刺激、产生直觉映像时，就会自动触发相应的思维活动，如情绪、精神、行为等，这个过程称为"色彩心理效应"。心理学研究表明：色彩能引起人的联想和想象。色彩对人的影响是十分巨大的，能够唤起人丰富的联想，产生强烈的审美愉悦。大海作为自然界的调色盘，世间万物的色彩在海洋中都能找到，虽然一提到大海，人们脑海中的固有色就是蓝色，但是奇妙的海洋总是能带来惊喜。

2. 海洋元素色彩的应用

色彩本身没有灵魂，也没有任何情感，只有通过人与色彩之间的感应效果，才能传达出色彩情感。Carolina Gomes是来自巴西的首饰设计师，她用玻璃创造了各种海洋生物（图3-22）。她将这些海洋生物与现代时尚结合起来，设计出了一种具有异域风情和

图3-22 海洋生物系列

艺术魅力的作品。因为玻璃本身的特性，能使颜色体现得通透自然，无论是鲜艳的色彩、丰富

的纹理，还是独特肌理纹路的处理，使作品栩栩如生的同时，还多了份呆萌可爱。在颜色的提取上，主要选取紫色、粉色、黄色、蓝色这种轻松愉快的颜色，鲜艳的颜色搭配海洋生物抽象概括的形体，能体现作者对海洋的另一种解读，在她眼里，海洋生物是丰富的、绚丽的、可爱的。

三、海洋元素质感的选取和应用

1. 海洋元素质感的获取

质感是指人们对物体表面纹理的心理感受和审美感受。不同材料或者物质有其不同的表现形态，所以就产生了不同的质感。质感通常是通过肢体感触和视觉感触来获得的。在某种意义上来说，质感与肌理含义相近，当肌理与质感在艺术设计中联系时，就包含了作为已知材料给人带来的感受和根据自身感受创造的质感。质感可以分为物理质感、抽象质感、模拟质感，在首饰设计制作中，可以根据不同首饰技法做出不同的质感，不同的质感又会给人带来不同的感受。

2. 海洋元素质感的应用

现代首饰设计师Olga Noronha设计的"BCREATURES"系列（图3-23），作品灵感来源于雄性贝塔鱼和珊瑚礁，以类似盔甲的形式呈现"半人半鱼"摆动鱼尾的姿态。作者旨在结合科学的实用主义与艺术概念。这个系列最大的特点就是不仅提取了海洋元素的形态，还通过质感提取来用珍珠模仿珊瑚身上的颗粒感，用鱼鳞制作发饰，使整套设计在质感的体现上不输真实海洋生物，再通过首饰与身体的空间关系，使人与首饰完美结合。

图3-23 "BCREATURES"系列

【课后训练】

结合以上内容，从形、色、质三个角度出发进行元素提炼和草图绘制。

扫二维码观看教学视频

15.设计元素提炼及符号化应用

任务四　设计建模渲染呈现

【任务简介】

本节要求学生通过建模案例的学习，了解设计案例与实际生产流程之间的关系，以及设计建模过程中需要注意的与生产相关的技术要点，如尺寸控制、缩水率、结构设计等。实现设计案例可操作、可落地。丰富学生对于时尚金属饰品的设计认知，更好地实现设计方案。

【任务目标】

本节学习重点是了解时尚金属饰品建模渲染，初步掌握设计、建模、生产三者之间的关系及技术要点，使学生对设计生产转化有一定的认知。

本节学习难点是结合生产环节中的技术要点逆向倒推设计案例的可操作性，并进行调整修改。

【本节内容】

增材制造技术与3D打印设备在首饰业内的应用，也早在20世纪90年代开始起步。经过多年的应用发展，已在很大程度上替代了手工雕蜡起版与起银版技术，成为各个企业版部的首选起版技术。相应的三维建模软件的开发也随市场的需求不断开发。目前，业内使用的珠宝首饰三维建模软件主要有JewelCAD、Rhino & Matrix、3Design、ZBrush等。本节内容将挑选其中一个实例进行实操讲解。

一、缩水与放量

首饰在制作过程中有不断缩小的情况，伴随着生产中的每一步。

（1）CAD建模后，喷蜡打印，蜡（树脂）模与CAD原始数据相比，产生约1/1000的缩小。

（2）3D打印模在金属浇铸的时候，金属冷凝会产生向内缩小的现象。

（3）浇铸出的银版，进行执版工序处理，这一过程又损失了外层金属。

（4）金属版在压制胶模的过程中，由于胶模在固化后，取出版时的胶膜回弹收缩，造型缩小。

（5）注蜡时，热蜡液冷凝产生微小收缩。

（6）浇铸注蜡模时，再次出现金属收缩。

（7）金属件在执行执摸处理时，继续损失外层金属。

以上七道首饰批量生产必经工序，均出现不同程度的造型收缩及金属损耗。例如，戒指版的手寸号是港度19号，经过压胶模到注蜡复制成注蜡模后，缩小了一个手寸号，实际测量为港度18号，缩小程度是比较大的。正是这两方面原因，导致最终产品与CAD原始模型数据出现不一致的情况。这个减少的量，必须在建模之初就考虑进去，要为CAD模型预算出一个恰当的缩水量，适当地将模型造型稍稍做大，以抵消后期铸造、胶膜缩水。这个放大的数值称为放缩水。而由执模处理造成产品变小的问题，则也应在建模时增加出足够的空间，以弥补后期生成的执模损失。具体的放缩水数值与执摸留边，应视不同产品大小、款式，各个企业采用的不同胶膜材料，甚至铸造中选用的石膏品质及铸造温度的不同，甚至天气温度对唧蜡模的影响都会使得这个数据有所偏差。所以，大多数企业的放缩水值与执摸留量均是根据自家生产状况而拟定的。

一般而言，首饰的缩水量可以参考下列设置。

1. CAD模型单件出货模式

单件CAD模型直接出货，由于3D打印模经历的制作过程少，缩水也比较少，略微放大1.012%~1.015%或不放大。建模完成后，联集所有需打印物件，执行"多重变形命令"，尺寸栏目直接输入相应数值。

2. CAD模型制版批量出货模式

批量生产，建模完成后，一般放大1.035%~1.04%，若模型体积较大，可放大1.04%~1.05%。若把握不准缩水量，留大一些也没关系，可以在执版上控制执摸留边，可参考数据：一般情况下，能执到版的位置最少要预留0.2~0.3mm的执版位，金货少留，银、铜货可多留；执版不到的位置一般留0.05~0.1mm。

二、设计建模实例

如图3-24所示为客户对珠宝的大致想法。根据客户要求设计该款翡翠吊坠。主石为4mm×10mm×21mm，厚度为2mm的梯形弧面型琢型，四爪镶。周围用直径为1.45mm的小钻爪镶围绕一圈衬托主石，顶部曲线部分为微镶碎钻。根据设计要求绘制设计图之后，依次进行JewelCAD建模、计算机蜡雕起版、翻制银版、制模镶嵌、抛光电镀的步骤（图3-25、图3-26）。

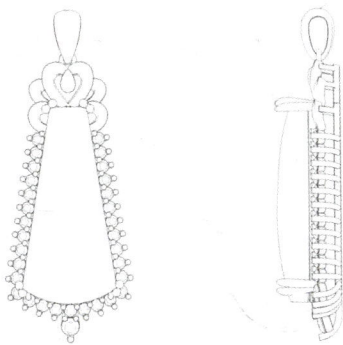

图3-24　吊坠款式图

建模实操示范训练

（详细教学演示视频及操作步骤见二维码，案例节选自《JewelCAD 首饰设计高级技法》。）

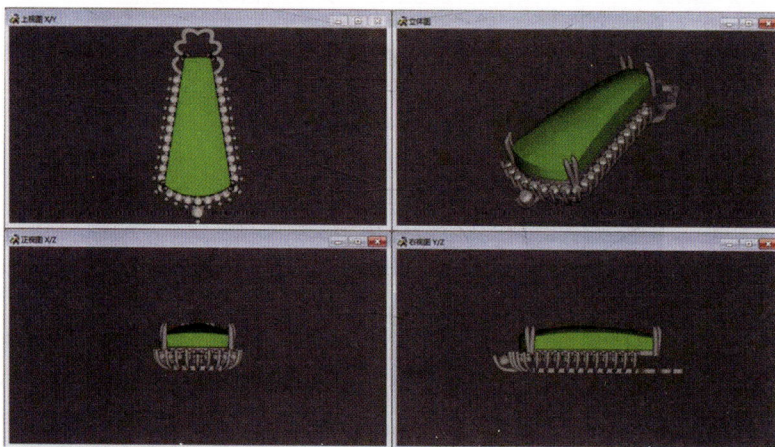

图3-25　吊坠设计图

图3-26　吊坠3D打印效果

【课后训练】

完成设计方案的设计建模和渲染。

扫二维码观看教学视频

16.建模（1）

17.建模（2）

18.建模（3）

19.建模（4）

20.渲染

<h1>第三节　设计优化验工艺</h1>

任务五　3D 蜡模打印与铸造

【任务简介】

本节要求学生学习和了解 3D 蜡模打印在首饰制造领域的普及。了解市面上的打印设备、打印材料，学习 3D 打印和铸造是如何衔接的，了解并学习 3D 打印所用材质的特性与特点，学习并掌握如何添加支撑，了解首饰实物的铸造流程和原理。为设计方案的实物呈现奠定基础。

【任务目标】

本节学习重点是学习并了解 3D 打印的原理和材料对支撑的建立和铸造之间的联系。

本节学习难点是根据设计方案选择合适的打印材料，建立支撑时不会造成打印缺失而无法铸造的状况。

【本节内容】

一、3D 打印设备

3D 打印快速成型技术是通过增加材料进行制作的方法，相较传统的减材制造法，节约了较大的生产资源，而且在一些小批量、特殊物件的制造上有无可比拟的优势。3D 打印快速成型技术在首饰业内已使用十余年，是一项非常成熟的技术。目前，在企业应用较为广泛的是树脂与喷蜡两款打印设备；至于金属打印设备，目前限于技术成熟度及生产成本，暂时未能大面积推广使用，但在可以预见的未来，首饰业 3D 打印的金属成型方向应该是一个明确的可以实现大规模商业应用的目标（图 3-27）。

目前，已经投入商业应用的 3D 打印（非金属）快速成型技术主要分为融积法、激光固化法。设备有美国的 Solidscape Inc 公司的 Model Maker I 喷射固化式成型机，日本的名工 Meiko 激

光固化式成型机和德国 Envision TEC 公司生产的
Perfactory 系列快速成型机等。这些 3D 打印设备
打印的材质适合首饰业采用，首饰业选用的打印
材料必须是符合后期铸造生成的材料，且首饰是
较为精密的产品，其对打印机的精细度要求较高，
并不是目前市场上一般的 PVC 树脂类 3D 打印机都
能适配。3D 打印机与扫描设备也得到了较好的结
合应用，许多逆向工程完成的逆向设计案例也在
首饰企业内使用（图 3-28）。

图 3-27　3D 打印铸造的镂空戒指

　　蓝蜡模型技术采用的是融积法，属于递增法
范畴，如图 3-29 所示。在计算机的控制下，设备
中的加热喷头将低熔点的材料加热至半熔融状态，
依据模型切面的轮廓信息在二维平面上运动，选
择性地涂覆在工作合面上，快速冷凝后，形成一
个薄层，通过不同的切面轮廓层的堆积形成一个
三维模型体。这个模型体实际上包括了蓝色与白
色两种颜色的蜡。最终的成品蓝蜡模型是包裹在
白色的支撑蜡之间。模型由设备软件自行计算需
要支撑的部位、形状，并通过两个喷射嘴，一个
负责喷蓝色蜡（即模型材料），另一个负责喷白色
蜡（即支撑材料），蓝色模型与白色支撑同步完成
层积，最终得到蓝、白蜡混合体模型。

图 3-28　三维扫描雕塑

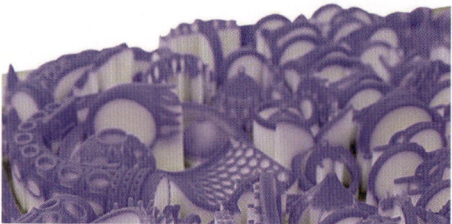

　　树脂模型技术采用的是激光固化法（图 3-30）。
使用液态的光敏树脂原料，在计算机控制下，紫
外激光按首饰各个分层切面的轮廓轨迹数据，对
液态光敏树脂表面逐点扫描，被扫描区域的树脂
薄层产生光聚合反应而产生固化，形成一个薄层。

图 3-29　蓝蜡模型

待该薄层固化完毕后，工作台下降一个层
位，在固化好的树脂表面涂上新的一层液态树脂，然后重复以上工序，如此反复，至模型完
成，最终得到黄色、绿色或红色树脂版——取决于采用哪种类型的树脂材料进行成型。

　　树脂与喷蜡两种不同的打印成型模型方法各有各自的优势和不足。树脂打印成型速度比喷
蜡机要快，而且成型后的树脂模型件较为牢固，适宜后期对其加工修整。但树脂材质与普通蜡

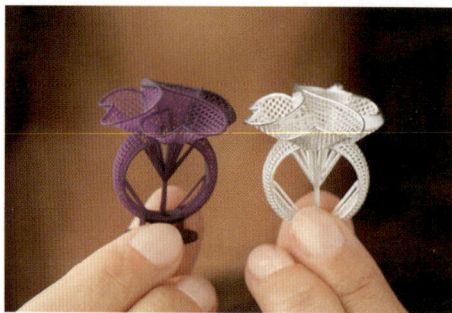

图3-30　树脂打印机黄色、绿色及红色树脂模型

液的融合度不太好，在接种水口时要多加注意，而且在铸造环节还需要专门针对树脂模型进行铸粉调配、调整焙烧曲线及相应的铸造技术。尽管铸造工序复杂，但是树脂打印的模型精细度较喷蜡模型要高，倒出的银版表面较为光滑，且不易产生沙孔，提高了后期执版效率。

　　喷蜡打印在速度方面没有太多优势，而且成型后的蜡模并不太牢固，在后期的清洗、移动过程中，容易造成那些小到仅有0.35mm精细的钉或者部件折断、碰缺，一定要特别小心。但是它最大优势在于建模时无须加支撑，所见即所得，极大降低了后期工作量，不必和树脂模型一样需要去除支撑，从而提高了效率。而且其铸造与普通注蜡模一样，蓝蜡与普通蜡液并无太多区别，易于互融，铸造环节无须特别照顾。但是，喷蜡模型表面光滑度没有树脂模型高，其铸造后的银版表面略为粗糙（图3-31）。

图3-31　蓝蜡模型铸造

二、建立树脂支撑

　　树脂模型由于其打印的特殊性，工作平台是向上运行的。平台与树脂液接触，激光固化出单层切片后，工作平台向上移动，进行下一切面的继续固化。所以，模型空位必须在平台处额外增加支撑杆，由杆逐渐打印至物件，而没有加支撑的部位则会出现打印缺失的情况（图3-32、图3-33）。

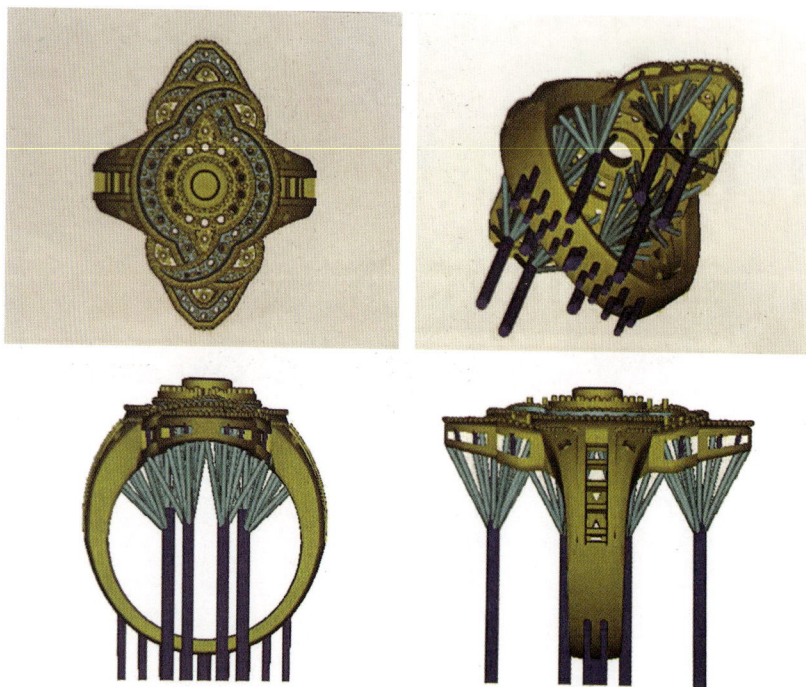

图3-32　豪华女戒与支撑（图片来源：《JewelCAD 首饰设计高级技法》

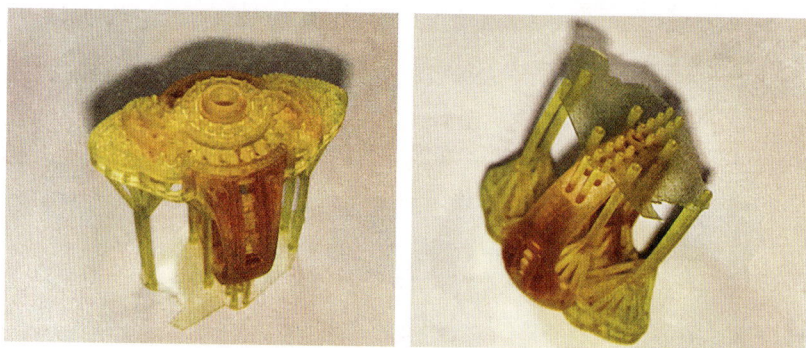

图3-33　豪华女戒与支撑树脂模型（图片来源：《JewelCAD 首饰设计高级技法》）

树脂支撑的添加方法如下：

（1）支撑以圆柱及圆锥形为主，直径视造型大小而定，一般控制在0.5~15mm，尽量放置在物件光金处，物件最底部支撑高度一般为2mm起。

（2）支撑间的间隔距离不能超过2mm。

（3）常见戒指款一般采用伞状支撑，底部需双排及以上支撑。

（4）戒指支撑的上部范围一般倾斜45° 即可。

（5）戒指底部支撑应有足够的支撑面积，避免戒指倾斜。

（6）跨度太长、易于变形、易于折断的部位，可另行增加横向支撑。

三、打印后清理

打印完成后，树脂模型需要用酒精清洗，之后采用紫外线灯照射约20分钟的方式加强树脂材料的固化过程。完成固化后，视模型生成要求针对性地进行剪除支撑作业，清除所有支撑材料。但有些树脂模型因为体积或执版需要，可直接进行铸造而无须清理树脂支撑，留待执版时再行处理。支撑剪除时，无须清理至平齐树脂模型，根部留出约0.1mm的厚度。在后期铸造时，不易在根部形成收缩型孔洞（图3-34）。

图3-34　清除支撑（图片来源：《JewelCAD珠宝首饰设计》）

蓝蜡模型则采用PPG（专用洗蜡溶液）与酒精，加温、熔融掉白蜡（支撑材料白蜡熔点低于蓝蜡）。

四、铸造工艺流程

1. 制作胶模

珠宝模具开模这一环节将3D打印完成的蜡版通过铸造的方式制作出金属母版，焊接上水口之后通过压模制作出一个内含金属母版形状的模具，通过开模的工艺取出母版（图3-35）。

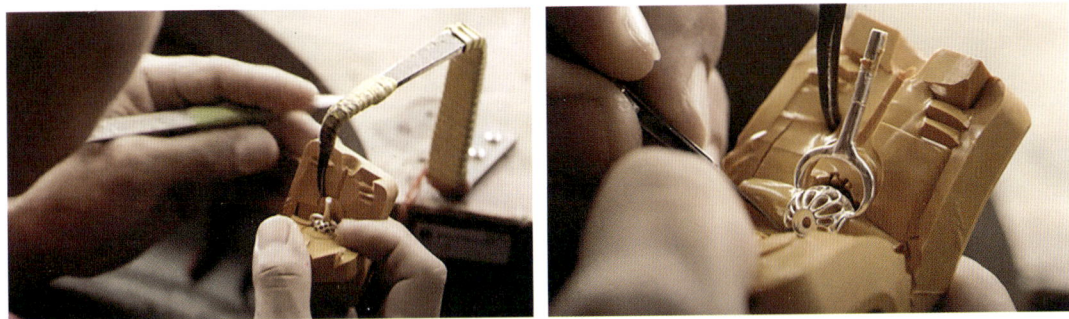

图3-35　开胶模

2.胶模注蜡

将开好的胶模通过使用全自动注蜡机，将融化的蜡通过高压注射的方式，注进模具的空腔内，形成蜡模（图3-36）。

图3-36　胶模复制

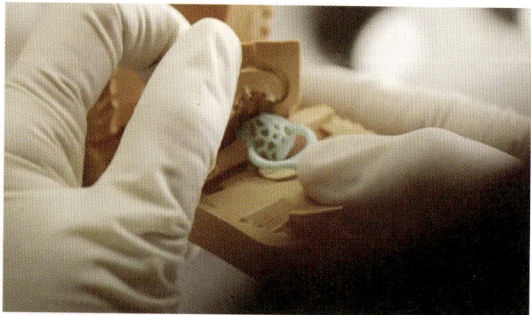

3.种蜡树

将注好的蜡模一个一个地粘在蜡芯上面，螺旋向上进行连接，且向上呈一定的角度（图3-37）。

图3-37　种蜡树

4.注石膏

用钢盅把蜡树罩住，呈密闭的空间，再真空吸索机将石膏注入，排出石膏内空气，室温干燥7分钟。如果石膏内有气泡，在焙烧炉烧制过程中，石膏模具容易开裂（图3-38）。

图3-38　石膏模具制作

5.焙烧除蜡

通过将钢盅放进焙烧炉中进行分段烧制，由室温逐步加温至150℃，在该温度下，石膏内的蜡会被高温熔化及气化，留下蜡树的内腔（图3-39）。

图3-39　焙烧除蜡

6.真空加压铸造

通过上一个环节，石膏腔内的蜡被彻底除尽之后，从焙烧炉取出，直接进行全自动真空加压铸造的环节。这两个环节需快速进行，主要目的是防止石膏体冷却之后，金属熔化进入石膏体内，金属液体冷却速度加快而导致铸造不全，流动不顺，从而增加残次品生产概率（图3-40）。

图3-40　全自动加压铸造

7.炸石膏

将高温的石膏钢盅，浸入凉水中，石膏骤冷之后开裂分解，内部的金属件显露出来之后清洗干净。局部细节部分残留的石膏可使用高压水枪冲洗去除（图3-41）。

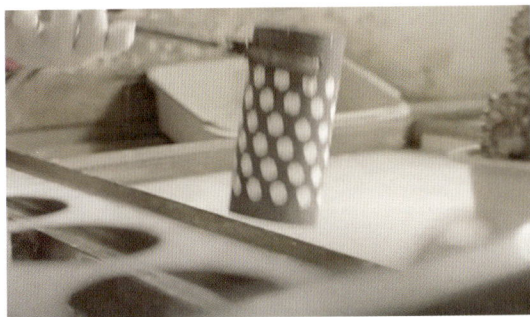

图3-41　倒模清洗

8.执模修版

清洗好之后的金属件，剪去水口，并修整金属件的表面。这个环节可以针对一些铸造残次品进行挑拣修补。

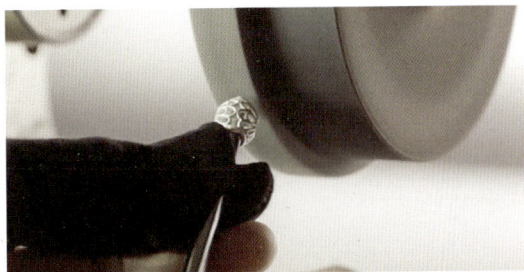

9.抛光电镀

将镶嵌好石头的款式进行最后抛光，将金属表面打磨至光洁锃亮的效果（图3-42）。

图3-42　打磨抛光

在金属表面通过电镀工艺镀上一层其他金属（图3-43），有以下几种目的：

（1）在原本易氧化的金属表面镀上一层不易氧化、化学性质稳定的贵金属层。

（2）对同一色泽的金属进行分色电镀处理，增加对比度。

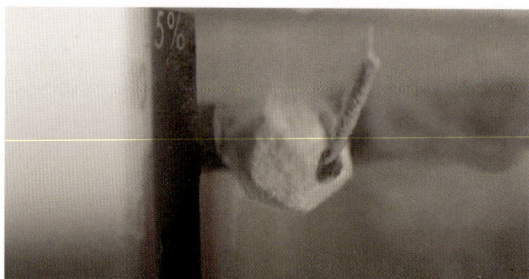

图3-43　电镀工艺

【课后训练】

1. 回顾并总结3D打印的设备种类、材质种类和打印特点。

2. 根据自己的设计方案，建立合适的支撑并进行3D打印。

3. 清理支撑并进行修版铸造。

4. 总结整个设计生产制造的工作流程环节，分析对应的岗位和岗位技能分别是什么。

任务六　珐琅填涂工艺实操

【任务简介】

任务要求学生掌握工艺实操的过程，并在实践操作的过程中发现问题，进行问题试验的同时思考解决方案，学会对自己设计方案的实物呈现方面有精准的把控。

【任务目标】

本节学习重点是学习掌握珐琅填涂和制作工艺的实操。

本节学习难点是设计方案的造型和图案如何进行准确地工艺呈现。

【本节内容】

本节以掐丝珐琅胸针工艺实操进行介绍。

一、基本技法

在纯银表面烧制透明色彩釉料，用掐丝珐琅的技法创作一个具象的图案，制作胸针所需底衬边框。

二、材料清单

20 Ga.纯银银板(大小取决于设计方案)，纯银银丝(掐丝珐琅用)，纯银箔或金箔，20 Ga.标准银银片（大小取决于设计方案），胸针用的别针(手工制作或购买成品配件)，双面透明胶带，透明的彩色珐琅釉料(洗涤后在纯银表面测试过)。

透明的热塑性塑料（俗称有机玻璃），规格：12.7cm×12.7cm×0.6cm，10.2cm×10.2cm，表面哑光、边缘圆滑的木板或玻璃片，螺旋形锯条（用以切割有机玻璃），锉蜡刀（用以打磨有机玻璃），模锻水压机，其他配套工具。

三、安全提示

工作区域需要保持良好的通风。

四、具体步骤

（1）为将来要烧制掐丝珐琅的区域确定一个简单的外形。设计一个能用掐丝表现的图案。用彩色铅笔绘制色稿，以确定选用哪些珐琅色彩。接下来将这个设计描摹到素描纸上，并把这张素描纸粘到表面无光泽、边缘光滑的木板或玻璃上。然后在图纸上粘一层透明双面胶，参照透明胶带下面的图纸来弯曲金属丝并粘在胶带上（图3-44）。

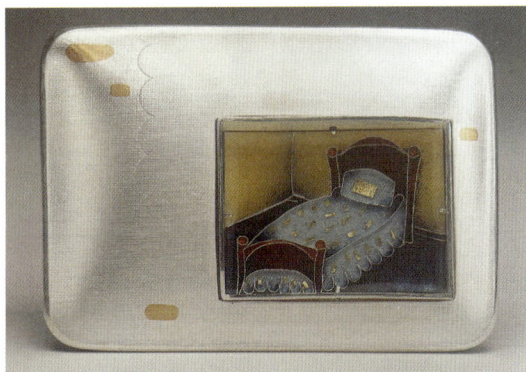

图3-44　掐丝珐琅胸针（案例节选自《珐琅艺术》）

（2）确定好外形并制作模具，接下来通过模具冲压成型。

（3）将设计好的珐琅片轮廓描在纯银片上。然后手持银片的边缘彻底清洁它，为上釉做准备。接下来，在纯银片表面筛涂无色透明的底釉和反衬珐琅。

（4）参照贴在木板或玻璃上的设计图弯曲银丝，使之与透明胶带上轮廓线条一致。这一过程中，可以用手指、镊子、钳子来使银丝成形，还可以用锋利的剪刀来剪切它。

（5）使用尖锐、干净的镊子，将造型好的银丝浸入附着剂中，再将他们转移到烧制好底釉的银片正面，等待附着剂逐渐变干。

（6）烧制银片，并将银丝粘到底釉上（图3-45）。

图3-45 粘丝流程

（7）准备好洗涤过的湿的、透明珐琅釉料。如图3-46所示，将一层稀薄的珐琅釉料填涂到掐丝分隔的每个单元中。让珐琅渐渐变干，然后将其烧至橘皮状态（不完全烧制是为了防止银丝下沉）。

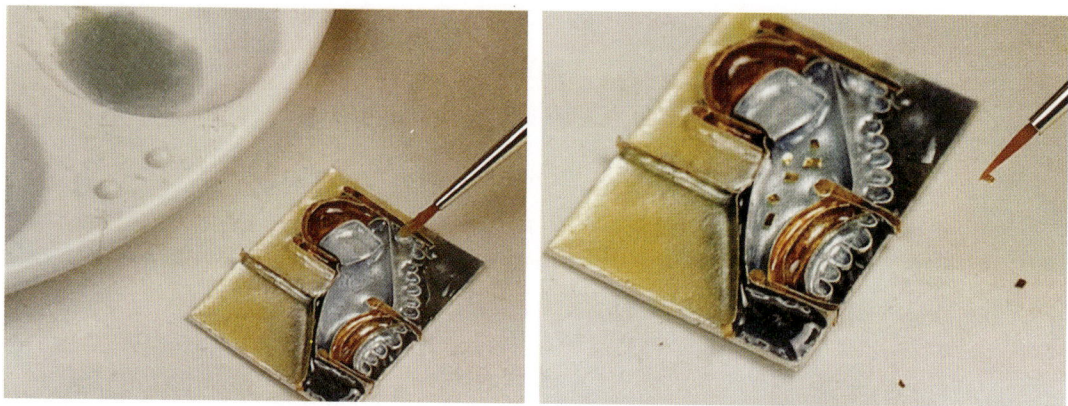

图3-46 珐琅填料

（8）用火烧制一两层薄薄的彩色珐琅以后，可以将纯银箔敷放在这个银片上。等银片变干，然后用火烧制。

（9）继续上釉并焙烧，直至釉面与银丝齐平。

（10）最后一次烧制上釉的银片，以使其表面更有光泽，如图3-47所示。将已上釉的银片的轮廓描绘到透明的有机玻璃上，用来制作模具，为了将来的珐琅镶嵌做准备。

（11）依照设计的外框轮廓，在有机玻璃中间钻一个洞。如图3-47所示，用螺旋形切口的锯条锯下这个形状，并将刀口边缘打磨光滑，做成冲压的模具。

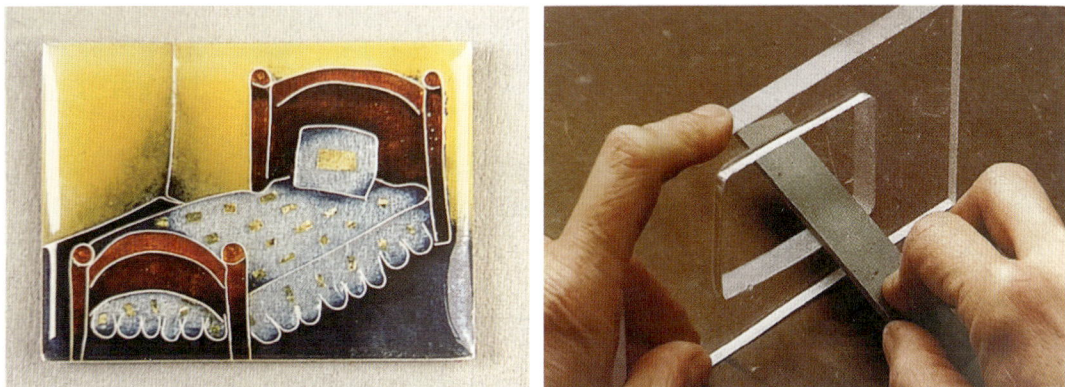

图3-47　模具制作

（12）在打算冲压成型的标准银银片表面制作肌理效果或打磨光滑。退火并酸洗之后，在液压模具内将其冲压成型。

（13）切一条20 Ga.或22 Ga.厚度的标准银条，银条长度要足够围绕珐琅片一圈，要比珐琅银片厚度宽。仔细地在银条的不同位置钻上至少四个小孔，使锯条穿过每一个孔，并锯成镶爪。将来这些孔和镶爪能将掐丝珐琅片固定住。

（14）将银条焊成适合掐丝珐琅银片外围的框。在焊接时，需要使用高温焊料。找一片比已经冲压成型的银板更大一些的20 Ga.的标准银银片，用来制作胸针的背面。用高温焊料将银条制作的方框焊接到制作胸针背面的银片上。

（15）在已冲压成型的胸针正面上锯切出一个方洞，使方洞的大小刚好与焊到背面的方框相适应，用锉刀锉磨并用砂纸抛光方洞的截面，将框架扣入其中。然后用锉刀和砂纸打磨框架，使其达到预期的高度。

（16）如图3-48所示，将已冲压成型的胸针正面用中温焊料焊到底衬银板上，酸洗并洗净它们，并用锯、锉刀和砂纸打磨其边缘。

（17）将别针焊到衬底银片的背面，还可以用玻璃刷，让银表面更加有光泽。

（18）将掐丝珐琅银片放到框架里，用细长的玛瑙刀将间隙中的小镶爪从框架上扳倒，以扣住掐丝珐琅片使其固定，最终完成该作品。

图3-48　镶口焊接

【课后训练】

根据设计方案进行案例实践创作。

扫二维码观看教学视频

21.工艺实操　　22.工艺要点（1）　　23.工艺要点（2）

第四节　设计转化评作品

任务七　珐琅首饰的测评与迭代

【任务简介】

通过本节学习，让学生掌握珐琅首饰产品设计方案评价的主要指标及评价的基本原则。了解珐琅饰品产品质量要求。

【任务目标】

本节学习重点是掌握设计评价的方法，熟知质量检测的标准。

本节学习难点是熟练掌握评价的方法和原则，掌握质量检测与迭代的方法。

【本节内容】

一、珐琅首饰迭代更新

当我们对于一项传统工艺或者一件产品进行迭代更新时，前提是需要具备较强的综合能力，做好完善的调研和规划制订的能力。根据以往学习的知识点和内容，针对产品的迭代更新，我们需要做好市场调研、品牌分析、产品定位规划、设计制作、定价、包装、陈设、推广等。

1. 市场调查

市场调查是企业制订营销计划的基础。任何产品的销售，都是以市场为基础，以营销战略为导向。

2. 调查内容

（1）宏观环境的调查。包含宏观经济环境和自然环境的调查、宏观市场环境的调查。其中，市场环境调查包括：行业总体供需状况，产品的供需结构，影响行业供需变化的因素。

（2）竞争状况的调查。首先，宏观竞争状况的调查主要指现阶段的竞争格局。其次，主要竞争对手的调查，调查竞争对手的产品状况、技术状况、价格状况、盈利状况等。最后，潜在竞争对手和替代品的调查。

（3）客户调查。

①客户基本情况调查，如客户地址、名称、负责人、企业规模、年销售收入等。

②资信调查，根据合作历史对客户作出信用等级评估；赢利能力调查，主要调查客户最近三年的利税额、销售利润率等一些财务指标；抗风险能力调查，主要调查客户抵御风险的能力；发展趋势调查，主要是了解客户近期是否会扩大生产规模，是否会上新的设备，是否会转产等。

③客户满意度调查，调查客户对产品质量、服务等方面的意见，是规范服务管理、提高产品质量和改进生产工艺的重要依据。

（4）产品交易场所的调查。工业品调查方式很多，除了在市场和卖场（商场、专卖店）上进行调查，还有以下内容：专业刊物、杂志；行业专业网站，客户或竞争对手的企业网站等；行业展会；问卷调查；专家访谈；企业内部销售人员的搜集；其他形式，如电话访谈，向专业的市场调查公司购买资料等。

3. 市场现阶段状况

（1）总量急剧扩大，前景不容置疑。随着中国经济的发展，人民消费水平的提高，珠宝首饰正在成为继住房、汽车之后中国老百姓的消费热点，市场潜力巨大。

（2）市场消费分散，面临格局重组。中国珠宝企业目前正处在高速发展阶段，竞争品牌之间均未能占有绝对份额。同时，国内珠宝品牌都存在营销资源匮乏以及竞争手段严重同质化等问题，又使整个珠宝行业处在一个发展的瓶颈中，供货商、品牌、营销力需要全面升级。

（3）品牌概念雷同，产品缺乏创新。品牌价值定位不准确，核心价值不清晰，缺乏个性，气质雷同等，几乎成为占据中国珠宝市场80%份额的众多国内品牌的共同形象。

4.首饰设计的五大原则

我们在进行首饰设计迭代更新的过程中，除了必须掌握的形、色、质的三个基本要素，在设计的过程中也要符合均齐与平衡、对称与呼应、对比与调和、节奏与韵律、比例与尺度等美学原则，除此以外，还要符合工艺、用途、材料和经济条件。因此，在迭代更新的过程中要遵循以下原则：

（1）市场需求原则。首饰首先是商品，其次才是艺术品，最大程度地满足市场需求是设计的首位。

（2）艺术性原则。首饰产品必须美观，有文化内涵和艺术表现。

（3）适用性原则。设计首饰必须满足条件：功能、消费对象、消费场合、审美情趣。

（4）工艺性原则。包括拥有设计的相关物质材料，符合现有的生产工艺流程和技术条件，有利于制作、抛光、镶嵌。

（5）经济性原则。包括材料的经济性，宝石、金属材料的消耗，工艺的经济性，设备、材料、人力的消耗，市场的经济性。

二、珐琅产品的质量测评标准

珐琅产品品种分类见表3-2，产品尺寸规格的允差见表3-3，产品质量的测量允差见表3-4。

表3-2　产品品种分类

分类标准	品种
胎体材质	铜胎、金胎、银胎
器型构造	首饰、器皿、异型
用途功能	饰品、摆件、实用品、建筑装饰、景观工程制品

表3-3　产品尺寸规格的允差

尺寸规格（L）	允差	
	成对	单个
$L < 127$ mm（$L < 5$ in）	±1.5 mm（±0.06 in）	±3 mm（±0.15 in）
127 mm $\leq L < 254$ mm（5 in $\leq L < 10$ in）	±2 mm（±0.08 in）	±5 mm（±0.2 in）

续表

尺寸规格（L）	允差	
	成对	单个
254 mm ≤ L < 381 mm（10 in ≤ L < 15 in）	± 2.5 mm（± 0.1 in）	± 10 mm（± 0.4 in）
381 mm ≤ L < 635 mm（15 in ≤ L < 25 in）	± 4 mm（± 0.2 in）	± 20 mm（± 1.0 in）
635 mm ≤ L < 1016 mm（25 in ≤ L < 40 in）	± 6 mm（± 0.3 in）	± 30 mm（± 1.5 in）
L ≥ 1016 mm（L > 41 in）	± 10 mm（± 0.4 in）	± 50 mm（± 2.0 in）

注　出口产品的尺寸规格可用英寸（in）英制计量单位标注。

表3-4　产品质量的测量允差

产品质量	测量允差	
	金、银胎	铜胎
< 2000	± 0.1	± 1
≥ 2000	± 1	± 10

1. 造型要求

（1）饰品类：造型优美、生动，有时代气息，符合装饰、佩戴、使用要求。

（2）器型要求：造型美观，比例协调，有实用价值。

2. 纹样要求

（1）人物类：纹样构图匀称，人物形象栩栩如生。

（2）植物类：纹样构图合理，植物花卉优美自然，符合生长规律。

（3）动物类：纹样构图匀称，动物形象生动活泼。

（4）山水类：纹样布局合理，层次感强，山石树木结构合理、生动。

（5）图案：纹样变化生动、组织合理，疏密适当。

（6）饰品类：图案纹样适合不同的佩戴、使用及装饰要求。

（7）实用品类：图案纹样适合不同环境要求，具有一定的功能性。

3. 色彩要求（点蓝工艺）

色彩符合产品的设计稿或标准样品，要求色彩搭配和谐，层次分明，主题突出。植物类润色柔和不生硬，山水树木分清。

4. 磨光工艺要求

刮铜活表面细、光亮、底线平，刮口深浅一致，子口间隙配合松紧合适；产品表面光滑、细腻、平整，无白道、炭缕、黑丝；主要部位无轻闪、无明显惊蓝、砂眼与漏。

【课后训练】

学生根据迭代测评的要求对作品进行互评。

第四章　时尚竹编礼品设计实务

导入任务

本章时尚竹编礼品设计项目来自何福礼国家级技能大师工作室，本项目要求将传统竹编产品融入时尚现代元素，从用户的使用需求和情感诉求出发，通过有针对性的为创意设计产品寻找合理的解决方案。

目前传统的竹木产品在材质和工艺上较为单一，多以日用品竹编器具类和工艺美术品竹编欣赏类为主，这些产品会由于材料的限制使创新设计无法充分地展开。目前市场上符合消费者审美观念的竹木产品往往是综合各类材料设计的，充分发挥了各种材料的特性，可以说，不同材质与加工工艺的搭配往往可以提升一件工艺品的整体价值，针对设计材料的选择和搭配进行传统竹编手工艺的设计创新，是十分必要的，这也为本章竹编礼品设计开发提供了思路。

明确目标

◎ 学习目标

学习本章时，同学们要接触了解竹编文化和竹编工艺，了解中国竹编的发展沿革，感受中国竹编文化的博大精深，了解竹编产品的市场趋势，解决传统竹编与日常产品不能相融的问题。

◎ 重点与难点

本章学习重点是通过对竹编文化和工艺的接触与了解，进行竹编产品创新设计。

本章学习难点是对传统美学元素提炼的把握。

分析任务

目前，国家正大力提倡和发展中国传统文化之手工技艺，以提升我们的大国文化自信。众多个人设计师和工作室都在致力于挖掘和传承发展手工艺，从而形成了良好的手工艺发展生态圈。例如，天猫发起的"拾遗计划"，促成品牌和非遗IP进行跨界合作，推动非遗年轻化发展，效果显著（图4-1）。

近几年，国际品牌在设计中加入了竹编元素，如美国品牌Mark Cross中的竹编女包以及夏奈尔等几大品牌推出的竹编概念女包都运用了竹编工艺（图4-2、图4-3）。国际品牌爱马仕，创建了具有表现中国文化和美学精髓传承的东方风格奢侈品牌——"上下"，推崇"绚烂而平淡"的生活方式，产品工艺上则还原中国传统工艺，其中，同青神竹编的相遇碰撞，把纤细的竹篾运用到手镯与瓷器上，展现了内敛而高雅的中国生活方式产品（图4-4）。

"你好历史"　　　"非遗·西泠印泥"　　　"陕西历史文化"

"苏州艺术"　　　"观复博物馆"　　　"国家博物馆"

图4-1　天猫"拾遗计划"

图4-2　Mark Cross Manray Rattan 竹编包

图4-3　夏奈尔竹编包

图4-4　"上下"品牌产品

　　由于全球化以及互联网的广泛影响，不仅其他国家开始对中国文化产生浓厚兴趣，中国人也在寻求自身的文化身份认同。据调查，多达90%访问北京上海"上下"零售店的都是中国人，这也说明中国消费者已经不再像以前一样只看中知名品牌，而是更倾向于探索那些知名度较小但是更加个性化的品牌，其中也包括中国本土手工艺品牌的产品。中国竹编产品也更受国人青睐，做好竹编产品创新设计是本章的设计任务。

实施任务

第一节　设计探源解文化

任务一　解读竹编文化

【任务简介】

本任务要求学生接触原生竹材和竹材编织工艺，了解竹材的材质特征和竹材常用编织工艺，通过视觉、触觉等，直接感受与了解它们不同的工艺特征，根据自己的感受与对材料工艺的认识，挖掘可塑性，完成感受、体验、组织、再创造设计，给予新的生命力。

【任务目标】

本节任务目标是接触与了解竹编文化，了解中国竹编的发展沿革和东阳竹编特点，挖掘解读它们所具备的艺术形式语言的潜能。

【本节内容】

中国人与竹子有不解之缘，竹文化是中华文化中耀眼夺目的一篇。早在古时，文人墨客皆爱画竹咏竹，宋代诗人杨万里就在《咏竹》中写道："凛凛冰霜节，修修玉雪身。"表达了他对竹子风韵的喜爱。农家百姓种竹用竹，篮、筐、篓、笠等物件是再常见不过的了。在传统产品设计中，竹子是用来传递"禅意"的惯用材料。竹子的特点有弹性好、质地软、可编织、有难塑性。相对于其他材料而言，原生竹子更适合手工艺制作。

一、竹编的起源

竹编起源于先民们的实用竹器具，器具则是人类在古时生活中实际发明创造出来的。根据考古资料，人类从定居生活开始后，便从事简单的农业和畜牧业生产，为了把食物和产物存放起来，人们便使用刀石等工具砍植物的枝条，编成篮、筐、篓、笠等器物，后来由于发现竹材有较好弹性和韧性，易于编织，于是，竹编成为当时存放物品器物的主要材质工艺（图4-5）。

图4-5　传统竹筐

二、中国竹编的发展沿革

在殷商时代，竹编纹样开始丰富起来，根据考古资料，发现有方格纹、米字纹、回纹、波纹等纹样。到了春秋战国时代，竹编图案的装饰气味越来越浓厚，编织工艺也日见精细。值得一提的是，在战国时期出现了一位致力于竹编技艺研究的人，就是被现代竹编行业尊奉为竹编祖师的泰山。直到今天，在浙江一带还流传着泰山向鲁班学艺的故事。

三、东阳竹编

浙江是中国工艺竹编的主要产地之一，其竹编工艺产品遍及全省的产竹区，主要产地有东阳、嵊州、新昌、浦江、乐清、武义等地，其中尤以东阳竹编、嵊州竹编和新昌竹编较为有名。

东阳竹编历史悠久，是浙江省重点保护的传统工艺美术品种，同东阳木雕一起成为东阳"三乡"文化的一对并蒂奇葩。东阳竹编的艺术特色，可以概括为"立体精细"四个字。立体者，以立体的人物、动物、器皿类工艺品为强项，构图生动逼真，造型惟妙惟肖；精细者，手工剖篾细如发丝，柔如蚕丝，最细可以达到一寸之内可并列150根篾丝，千变万化的编织技法化篾丝为神奇。

【课后训练】

搜集东阳竹编历史发展各时期的作品，解读东阳竹编艺术风格。

任务二　解析竹编工艺

【任务简介】

本任务要求学生了解竹编工艺，挖掘可塑性，完成再创造设计，给予竹编新的生命力。

【任务目标】

本节学习重点是对竹材质地与纹理的接触与了解。

本节学习难点是了解竹材在编织形态表现中的各种不同可能性，挖掘它们所具备的形式语言的潜能。

【本节内容】

一、竹编材料和处理工序

竹材生长迅速，一般竹龄为2~3年的即可用于劈篾，进行编织。竹编材料工序处理大概需要五个流程。第一，选材，需要选取两至三年生长的竹子，节长66cm以上；第二，刮青，刮青在竹材砍伐后水分充足的时候刮；第三是分竹，将竹子分成等宽，再继续分成篾；第四，吹干，将分好的竹篾悬挂在通风处进行晾干；第五是分丝，将竹篾一抽就可以分成竹丝。竹材处理工序流程图如图4-6所示。

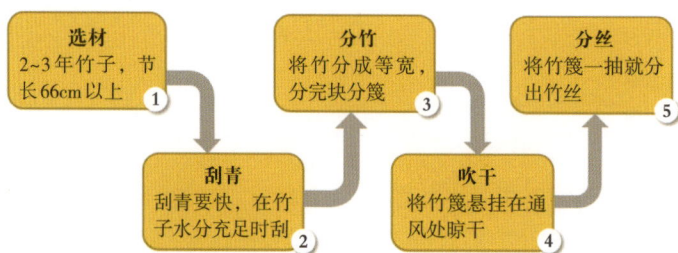

图4-6　竹编材料处理工序

二、竹编艺术特征

1. 逻辑美

逻辑是指事情的规律和规则，在竹编产品中，竹篾在空间上进行有顺序的排列，产生动态的连续性，继而产生竹编的自身逻辑。这种逻辑既有理性，又不失感性。竹编编织逻辑是有变化的互相交替，是情调在节奏中的融合，从而在整体中产生美感。尽管竹编纹样复杂多变，但所有的编织技法基本都是挑压的方式延伸而来。不同技法规律的编织可以呈现"十字编""螺旋编""六角编""弹花编"等各种纹样（图4-7）。例如，六角编就是以三条竹篾起编，在此基础上进行穿插编织，形成六边形，竹篾顺序井井有条，纹样富逻辑规律感。

图4-7　竹编花样编法（图片来源：何福礼国家技能大师工作室）

2. 形式美

竹编肌理图案在形态、颜色等方面的不同形成了视觉上的差异，但这些差异中又保持着高度的统一，这样就构成了竹编的整体形式。竹编工艺繁复，纹样丰富，所有的细节都可以寻求它们之间的联系，追求内在对比与统一。

何福礼大师创作的《关爱》，取材于大自然，以松鼠为主题，借助松鼠母子来表达亲情关爱。创作之念是源于1997年香港回归前夕，何福礼筹划编织新作致庆，一个偶然的机会，他看到了一窝松鼠，松鼠嬉戏时可爱的形象和亲密的氛围，深深打动了他的心，他想："香港回归祖国，可不就是'母子团聚'嘛。"怀着此种喜悦心情，他决定以此为题材着手编织。但因为松鼠不同于传统吉祥动物，而且这种小体量的工艺品，如果处理不好，整体造型易流于俗套。特别是松鼠的窝，该如何体现其质感，成为何福礼面对的一道难题。最后，他从鸟窝得到灵感，创造出"乱编法"，编织出粗犷而又形象的"鸟巢"。整个作品运用了十字编、乱编法等多种编织方式，竹丝篾片之间有疏密对比，直线曲线的对比，色彩的对比，使整个作品富有变化的同时，又能使整个产品保持高度统一。每种技法产成的纹样，自身都富有极强的节奏感，这些肌理相互交替，使作品表面富有强烈的韵律感（图4-8）。

图4-8　关爱（图片来源：何福礼国家技能大师工作室）

3. 结构美

结构是指组成整体的各部分要素之间的搭配和安排。其中，各部分之间相互联系，又相互作用，而竹编的结构就是竹篾通过编织技法进行形态搭建，从而产生丰富变化的造型结构。在竹编产品中，竹材各个部分之间的联系按照功能、意图和工艺的要求，有规律地编织。这些竹篾在手工艺人的手中穿梭游走，形成姿态万千的纹样，而这些肌理式样就是竹编结构美的具体表现。这种美主要体现在结构的层次和秩序之中，是目的性和规律性的统一（图4-9）。

图4-9　红船（图片来源：何福礼国家技能大师工作室）

【课后训练】

请同学们搜集3个竹编产品，并解析其艺术特征。

第二节　设计创新构方案

任务三　元素提炼运用

【任务简介】

本任务要求通过训练让学生掌握竹编产品创新设计流程、产品美学的把控，培养学生能够选取优秀主题文化进行元素提炼与符号产品运用，掌握文化元素选取的基本原则、元素提炼的方式方法和元素载体融合层次。

【任务目标】

本节学习重点是掌握文化元素选取的基本原则、元素提炼的方式方法。

本节学习难点是掌握元素载体融合三个层次。

【本节内容】

一、设计元素提炼法

我们在进行主题文化创新设计过程中，需要对相关的文化和其对应载体进行设计元素分析。从元素进行提炼，再进行融合创造。元素提炼的过程就是对元素进行符号化，可以先写实再简化。写实就是照物体进行写实描绘，并做到与对象基本相符的境界；简化就是略去具体细节而抓住主干，形神兼备地传达出形象或意念的大致轮廓与内在精髓的构思方式，如毕加索的《牛的元素提炼过程》（图4-10）。

毕加索是西班牙画家、雕塑家，是现代艺术的创始人，西方现代画派的主要代表之一（图4-11）。毕加索是当代西方最有创造性和影响最深远的艺术家，是20世纪最伟大的艺术天才之

图4-10　牛的元素提炼过程

图4-11　毕加索（1881.10.25—1973.4.8）

一。毕加索的《牛的元素提炼过程》最初画出的是一头膘肥体壮的公牛，紧接着他又画出第二稿和第三稿，那头牛仍是体态丰满，他一张接一张地画下去，但是那头牛却变了模样，变得越来越小，越来越瘦。这幅公牛图的演变过程就是典型的元素提炼的案例，每稿都有其独特的含义，而最终保留下来的线条包含了公牛二字所想到的一切。在公牛绘画当中，逐渐把具象化的物体用简单的几何形体去概括，并且兼具美感，省略复杂的干扰视觉的写实细节。

元素符号化的过程需要经过系统的训练，才能逐渐获得对抽象图形和文化元素等内容的熟练掌握，这对任何设计师来说都是一个必须了解的基本功知识。

二、元素载体融合

元素提取出来之后需要进行载体融合，载体融合就是在设计过程中审视形态特征，利用创新思维，打破传统形态设计中固有的特点，进行重新组成。融合有两种形式。

第一种是2D融合，就是符号的直接应用，这种融合应用简单且广泛。例如，2023年第19届亚运会火炬"薪火"，炬身印有良渚螺旋纹，这种纹路形似指纹，自然交织，精致细密；炬冠，以玉琮语意为特征，方圆相融，昂然而立；出火口设计源自"琮"最早的甲骨文字形，寓意"光在内周而复始"；整体轮廓曲线犹如手握薪柴，在动静之中迸发出由外向融合的运动员力量感和汇聚态势。"薪火"设计元素提取来源于中华五千年文明史的良渚文化，进行载体融合后设计成庄重大气、意蕴深远的造型（图4-12~图4-14）。

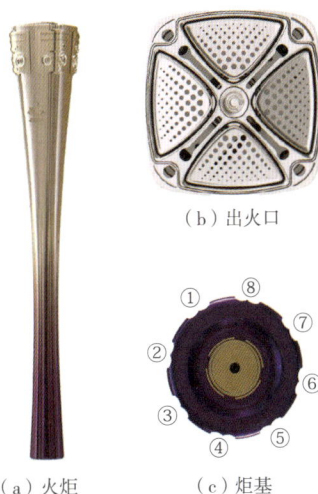

（b）出火口

（a）火炬　　　（c）炬基

图4-12　杭州亚运会火炬

图4-13　良渚螺旋纹

　　第二种是立体融合，这种就涉及产品外观和工艺的较大改变。例如，2022年冬奥火炬"飞扬"，火炬主体融合2008年北京奥运火炬风格，火炬上部的螺旋形状就像两条迎风飘动并重叠在一起的丝带，飘扬的动感丝绸波动起伏，又像是中国的万里长城，体现中国人对待奥运和追求美好未来的精神。内部的红色丝带设计象征着燃烧的火焰，外侧的银色丝带则代表着冰雪。两条丝带有无限延展的观感，代表着人类对于光明、和平的不懈追求（图4-15）。

三、项目实践——竹编灯具设计

　　灯具是我们日常生活中必不可少的家具用品，在古代，灯具的灯罩用竹编的方式是很常见的，而现代社会的灯具制作为了顺应现代人的审美需求，材质的选择灵活变通，灯的造型与功能也是千姿百态，丰富多彩。此次案例为竹编灯具设计，一是要体现我们传统工艺的美，二是怎样让传统的东西能够顺应时代的发展，要让传统的手艺不但传下来，还要赋予它新时代的特征。设计构思要让传统的竹编工艺与现代灯具的结合，形成一种原始与先进、古典与现代的审美碰撞。

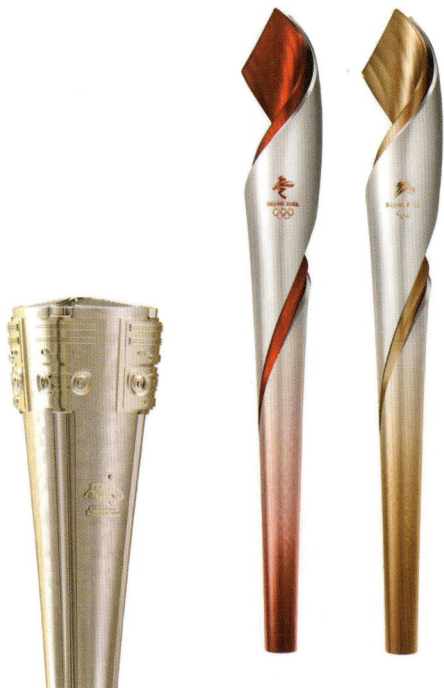

图4-14　"薪火"

图4-15　2022年北京冬奥会火炬"飞扬"

四、项目实践——竹编灯具

　　灯具是我们日常生活中必不可少的家具用品。在古代，灯具的灯罩用竹编的方式是很常见的，而现代社会的灯具制作为了顺应现代人的审美需求。材质的选择灵活变通，灯的造型与功能也是千姿百态，丰富多彩。此次案例为竹编灯具设计，一是要体现我们传统工艺的美，二是怎样让传统的东西能够顺应时代的发展，要让传统的手艺不但传下来，还要赋予它新时代的特征。设计构思要让传统的竹编工艺与现代灯具的结合，形成一种原始与先进、古典与现代的审美碰撞。

根据设计调研对现有竹编灯具分析，目前市面上竹编存在三种问题：第一，材质较为单一，选材上，竹编灯材料基本上是采用竹子单一的材料；第二，造型简单，传统竹编灯具造型较为固定，多为灯笼的造型，或者在此基础上稍稍改动，但是样式依旧老套，缺乏新意，与时代审美脱节；第三，缺少形式美感，体现在应用的设计视觉语言少，呈现的形式美感较弱，所以，传统竹编灯具的编制工艺还有待创新，对造型的美感还有待探讨。

本竹编灯具案例造型来源于中国蒲扇，整体的外观是采用了古代蒲扇的一个造型，蒲扇象征着爱情友情，在中国"扇"谐音"善"，"善行"是诠释中华民族善良谦逊的优良品质的一种代表物，更有驱走病害、祈福纳祥、平平安安的寓意（图4-16）。

选取较为美观的产品效果图，继续深化，在灯具外观上与竹编工艺结合，更加突出韵味。内部是LED灯，柔和的灯光加上精细的竹编完美结合，体现了一种匠人的精神（图4-17、图4-18）。

图4-16　蒲扇

图4-17　竹编灯具草图（作者：胡圆圆）

竹编工艺运用在灯罩上，由于其竹编间隙和翻折角度的不断变化，带来的光影效果也是很迷人的，在深入研究传统多种竹编技法的基础上，选取最具变化效果的编织技法，掌握了其在空间自由曲面、自由嫁接、自由转折的原理，将传统手工艺引入现代空间。

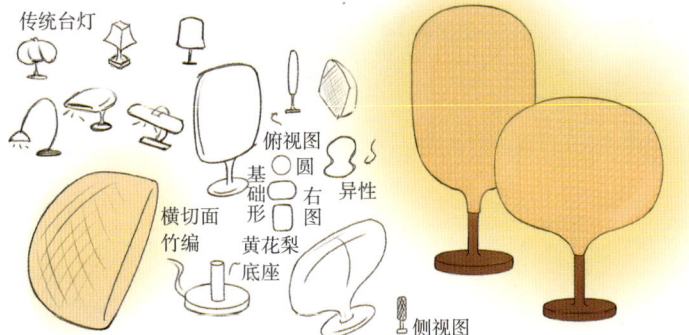

图4-18　竹编灯具设计草图（作者：胡圆圆）

竹编结构在光源的照射下，整体视觉效果灵动多变、轻盈、通透，投影位置与明暗关系随着射灯的角度可以自由推移、切换，给人一种梦幻、奇妙的感觉。这种用传统手工艺与现代科技结合的灯饰品给原本舒适安静的环境增添了不少浪漫、温暖的气氛与无限遐想的空间。

五、项目案例

在本实践中，设计方向要打破传统单一的竹子材料，融入金属、亚克力、玻璃等，区别于传统老套竹编灯具的形态，解决缺少设计形式美感的问题。参照其他类型的灯具设计，结合自身设计理念与审美取向设计外观。传统竹编灯具多为依靠手工就能完成，工艺较为单一，结合当代工艺，让产品更加具有内涵。传统竹编灯具审美与时代脱节，传统样式的设计已经无法满足现代人的审美需求。加入当代潮流元素，要保留和体现传统的美感，又要使它焕发一新，区别于传统（图4-19）。

【课后训练】

运用元素提炼手法进行竹编产品设计，并提交三份草图方案。

扫二维码观看教学视频

24.时尚礼品专题设计：2022杭州亚运会礼品创意设计（1）

25.时尚礼品专题设计：2022杭州亚运会礼品创意设计（2）

26.时尚礼品专题设计：2022杭州亚运会礼品创意设计（3）

27.时尚礼品专题设计：2022杭州亚运会礼品创意设计（4）

设计一

主体形象的改进过程

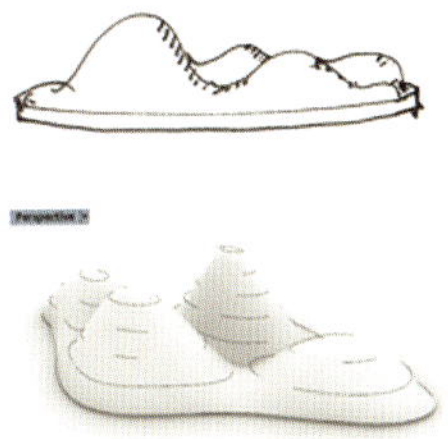

灯具形态的细节细化，竹编的融入主要是添加在主体山峰的灯罩表面，进行贴合，以实现对竹编的透光

初稿发现山体的立体呈现感不强，且体现不出山的层次和绵连起伏之感

二稿增加了山群个体的数量，看过去就像一座座山像浮在空中岛屿

灯具形态的细节细化，竹编的融入主要是添加在主体山峰的灯罩表面，进行贴合，以实现对竹编的透光，并且融合现代灯具可以上下调节的功能，可以任意调节自己合适的空间高度，也灵活改变了"山"体的层次结构

设计二

主体形象的改进过程

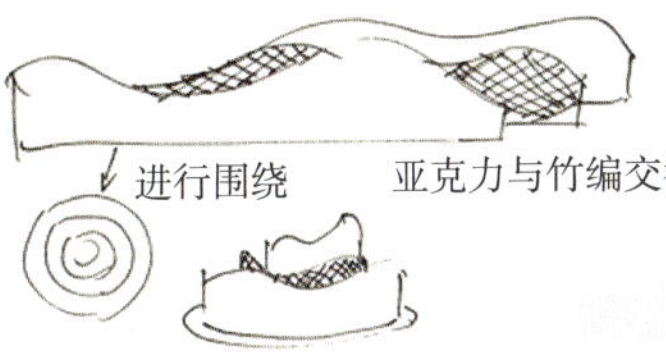

进行围绕　　亚克力与竹编交替

亚克力材质灯罩传递光源

LED灯

初稿汲取山脉绵连起伏抽象的线条元素，材质上融入亚克力灯罩和金属托盘，但效果偏于单调，缺少韵味

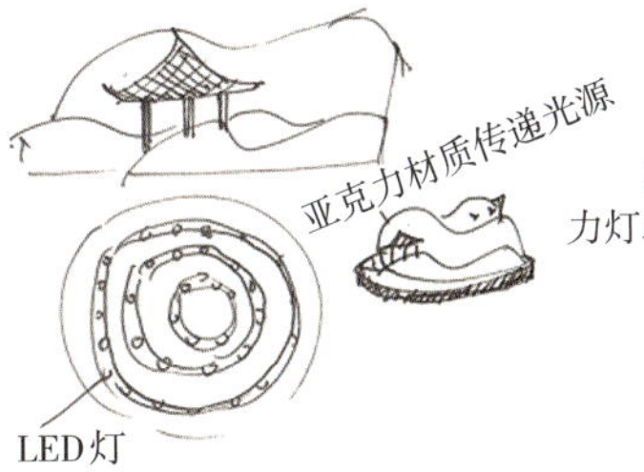

为了增加韵味，借鉴了中国山水写意画，把原本单纯的竹编部分改为亭子形态，多了几分江南山水的韵味，仿佛仙岛飘忽在天空

亚克力材质灯罩传递光源，使光线柔和，可以旋转变换波浪曲线的角度，也可取下

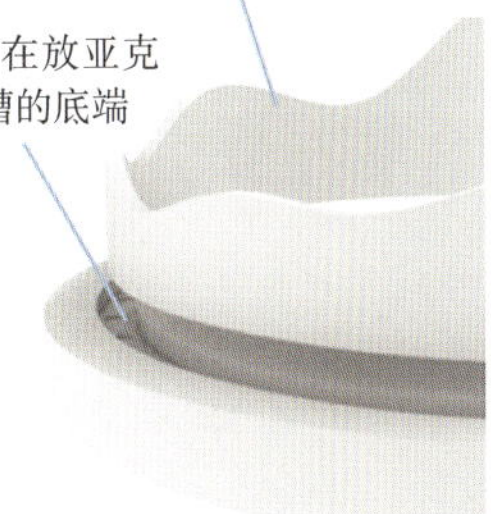

led灯在放亚克力灯罩凹槽的底端

设计三

前两个设计的灯具形态都偏于对"山""岛"的具象表达，本设计偏于抽象、现代、工业的设计，造型也更加趋于简约

主体形象的改进过程

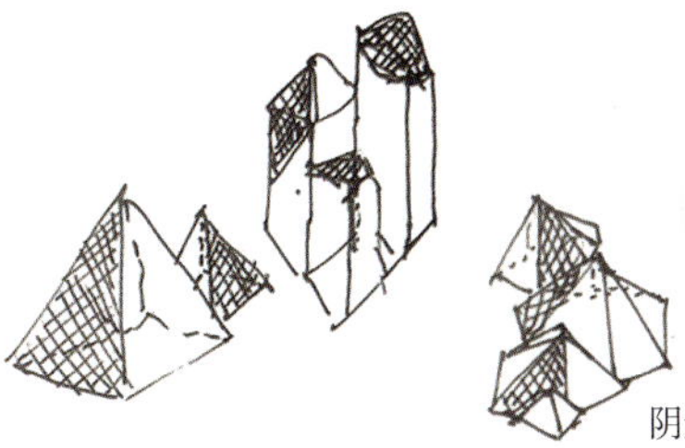

透视

阴影线为竹编部分

初稿主要是进行竹编与灯罩搭配比例与角度比较和谐的尝试，主要感觉形体过于支棱直角，缺少温文尔雅的韵味

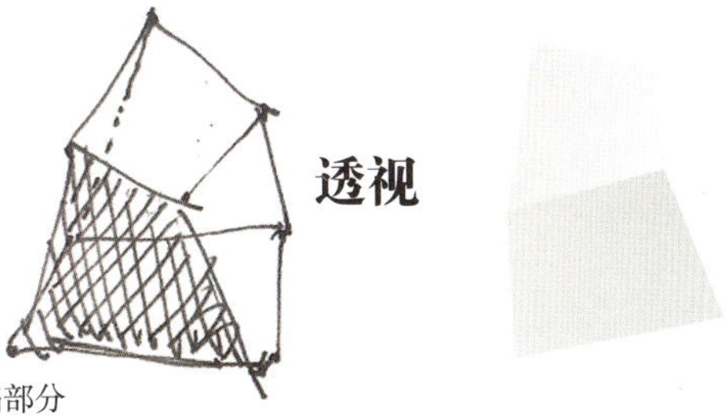

将立方体的点线进行错位改变，现成的面就会产生扭曲，那么体现的立体感会灵动很多，在模型制作中再加入倒角，形体就会显得方中带圆，圆中带方，刚柔并济

图4-19　竹编灯具草图（作者：薛圣康）

任务四　设计建模渲染呈现

【任务简介】

本任务要求学生对竹编产品草图方案进行建模渲染，最后呈现完整设计效果。

【任务目标】

本节学习重点是掌握竹编产品建模步骤。

本节学习难点是掌握竹编产品渲染贴图效果图步骤。

【本节内容】

一、学生训练

先根据上一任务的设计方案，将产品草图规范化，绘制正视图、侧面图，标注产品的材质和具体尺寸（图4-20）。

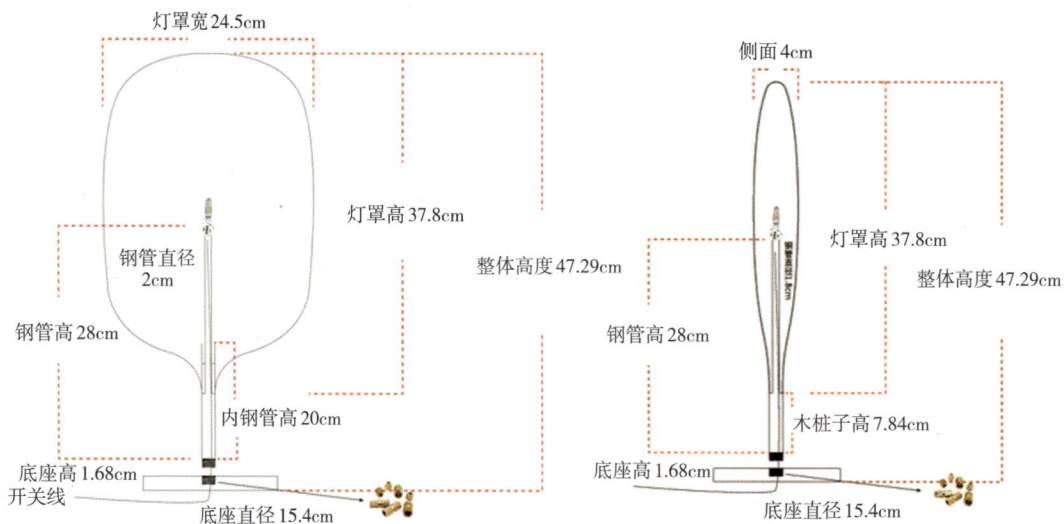

图4-20　正面、侧面尺寸图（作者：麻欣苗）

根据尺寸在三维软件犀牛Rhino中进行建模，确保尺寸大小精确（图4-21）。

建模之后，对产品进行Keyshot渲染，渲染之前需要完成灯具竹编灯罩外观竹编的平面编织效果，以方便后期渲染贴图使用。竹编编织纹样在平面绘制时，可以先找到纹样单元母型，再通过阵列复制，得到合适的整块竹编纹样（图4-22~图4-24）。

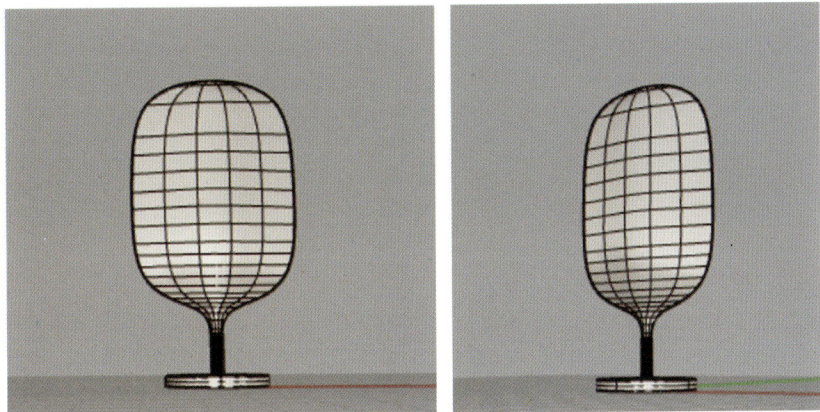

图4-21　Rhino图（作者：王守友）

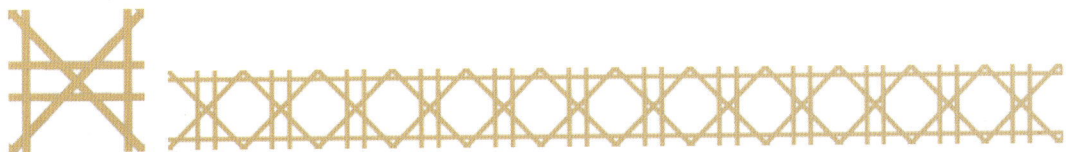

图4-22　竹编纹样单元母型（作者：余佳）

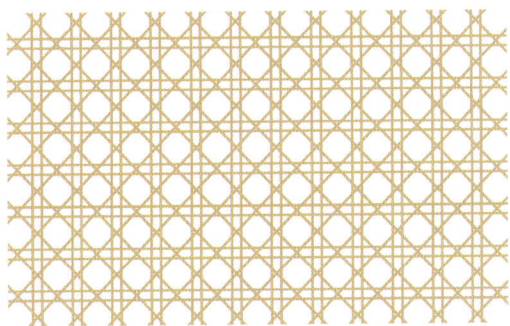

图4-23　桂圆孔竹编纹样平面图（作者：余佳）

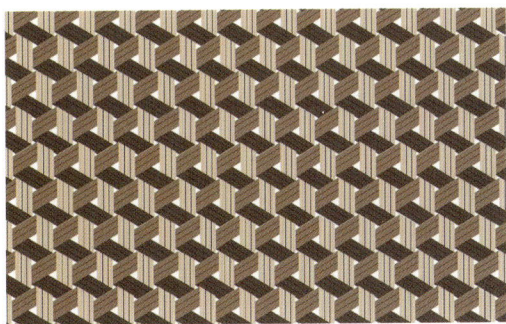

图4-24　龟背纹平面图（作者：余佳）

在Keyshot渲染效果对比之后，发现带孔的竹编纹样比不带孔的竹编纹样效果更好（图4-25），所以选择桂圆孔竹编纹样进行贴图制作（图4-26）。

根据纹样效果继续调整竹编灯外观造型，做成系列化效果（图4-27）。

本案例在后期进行了现代化升级设计，在灯座底座装有智能设备，可以提供手机无线充电，且能与手机APP相结合。不但

图4-25　竹编纹样渲染效果图（作者：王守友）

可以智能调节亮度、定时开关，还可以查询每天用电量以及电费，且有实时温湿度监测功能（图4-28）。

图4-26 桂圆孔竹编纹样渲染效果图（作者：王守友）

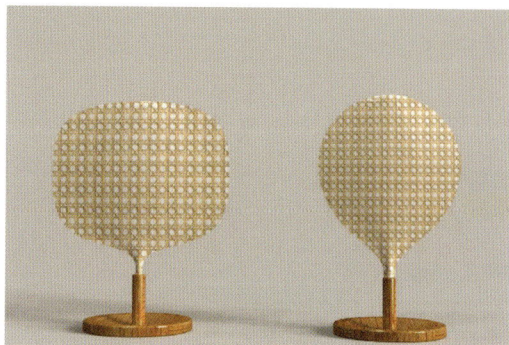

图4-27 系列造型渲染效果图（作者：王守友）

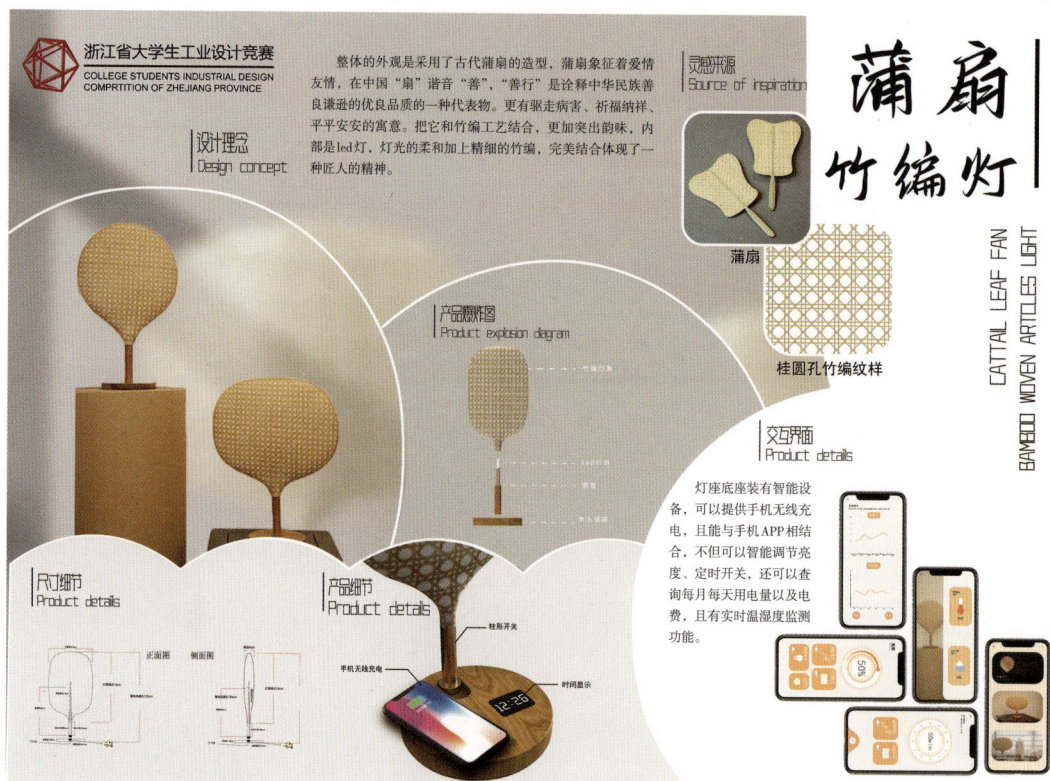

图4-28 展板效果图（作者：陈瑾娴）

二、项目案例

在我们的传统中，古人在诗、书、画的创作中都取山水为题材。千百年来，留下许多文人雅士的绝美佳句，流传了许多山水名画。因此，体现出"山"是古人精神寄托的对象。

　　如图4-29所示，方案设计三取《山岛》为名，是因为"岛"有如世外桃源般的与世隔绝之意，体现传统中我们对田园生活的向往，悠闲自在，与世无争，与竹编材质调性较符合。前两个设计的灯具形态在元素提取过程中都偏于对"山""岛"的具象表达，而设计三中灯具的设计将偏于抽象、现代、工业的设计，造型也更加趋于简约，实物如图4-29所示。

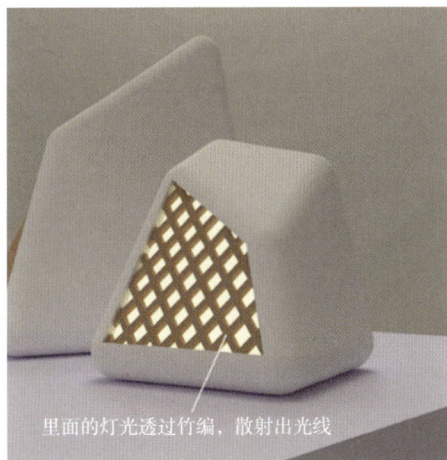

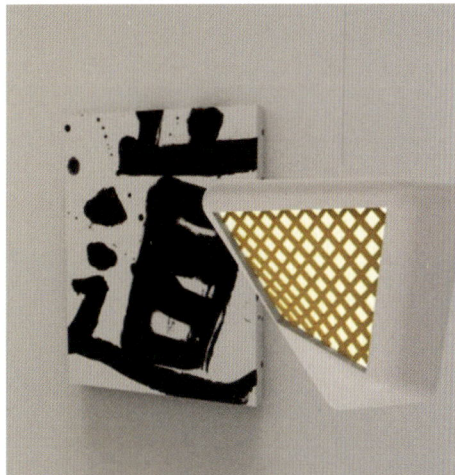

图4-29　《山岛》效果图（作者：薛圣康）

【课后训练】

请同学们对自己设计的方案产品进行建模渲染，要求源文件格式和jpeg.格式渲染图片提交，课后上交打分，下次课堂进行点评。

扫二维码观看教学视频

28.2022杭州亚运会礼品竹编花瓶三维模型　　29.2022杭州亚运会礼品竹编纹样设计表现

第三节　设计优化验工艺

任务五　3D 白模打印

【任务简介】

本任务要求通过学习，让学生掌握竹编纹样3D打印技能操作要点。

【任务目标】

本节学习重点是掌握竹编3D打印工艺优势。

本节学习难点是掌握竹编3D打印技能要点。

【本节内容】

一、3D打印技术

3D打印技术是在计算机控制下，将三维模型分解成一系列厚度小、形状特殊的二维截面，利用3D打印设备将每个截面逐层打印进行堆积，最终得到所需零件的先进制造技术。3D打印技术作为一项革命性技术，已经广泛地应用在工业制造、航空航天、医疗用品等领域。目前，比较成熟的工艺有熔融沉积制造（FDM）、光固化成型（SLA）、选择性激光烧结（SLS）、分层实体制造（LOM）及微喷射黏结技术（3DP）。从当前3D打印技术应用趋势来看，主要具有数字化、一体化、快速化、精确化和个性化等优势，这些优势有效改善了传统工艺的短板，有助于传统制造的发展与革新，同时促进了制造业与科学技术的深层次结合。相比传统技术，3D打印技术能够制作非常复杂的模型。在设计过程中，还能轻松更改产品的尺寸、形状和颜色。在灯具制作中，定制灯具和组件、快速成型，对于设计师而言，可以快速有效地验证他们的设计，有助于提出更多奇思妙想的造型概念。

二、3D打印与传统竹编式样结合的优势

新技术、新材料的冲击下，东阳竹编与许多少数民族传统文化和手工艺一样，逐渐衰退。3D打印技术作为"智能制造"的核心，是未来产品制造发展的重要生产方式。现今市场中传统竹编工艺虽然很成熟，但是由于材料的限制，使创新设计无法充分展开，符合消费者审美观念的产品也随着新材料、新技术的发展而改变，用新材料新技术展现传统工艺，可以形成新的产品形态式样，提升产品价值。

1. 丰富3D打印产品形式

传统竹编式样源于竹编工艺的产生，是竹编工艺的外在表现形式。传统竹编经过漫长岁月的洗礼，发展形成独具特色的艺术特征，不仅是对传统文化的传承，而且对现代产品设计具有灵感启发作用，是设计领域的精神食粮和艺术宝藏。而3D打印作为一种新型技术，在许多方面还需要继续丰富与发展。传统竹编式样具有逻辑美、形式美及结构美的艺术特征，可以补充3D打印产品的造型库。与此同时，传统竹编作为民族和地方的代表，具有历史、文化及实用等多方面价值，将传统竹编式样与3D打印相结合，能够使3D打印产品具有传统竹编式样历史文化气息。

2. 为竹编式样创新性的继承和保存提供新途径

3D打印代表未来产品的智能制造，在设计创新方面具有明显优势。3D打印凭借技术优势，除了可以对传统竹编式样进行基础性的保护，还可以转为创新性的传承，为传统竹编式样的传

承提供了多样化、立体化的展现方式，使传统文化伴随时代的发展而发展（图4-30）。

图4-30　3D打印灯具样式

三、3D打印流程

3D打印流程如图4-31所示。

第一步：上机准备，根据3D打印机的技术特点和尺寸约束，检视三维模型的建模质量及尺寸大小。

第二步：模型前处理，模型检查、修复；切片、加支撑；估算打印时间；CURA模型导出与保存。

第三步：设备调试，设备开机、预热；打印平台检测、校准；换料、进料。

第四步：模型打印，模型数据拷贝；打印启动；观察设备运行是否正常。

第五步：模型后处理，打印完成后用铲刀将模型从平台上铲下，用钳子等工具将支撑部分清除，检视模型。

第六步：操作区域卫生清理，收工整理工作。

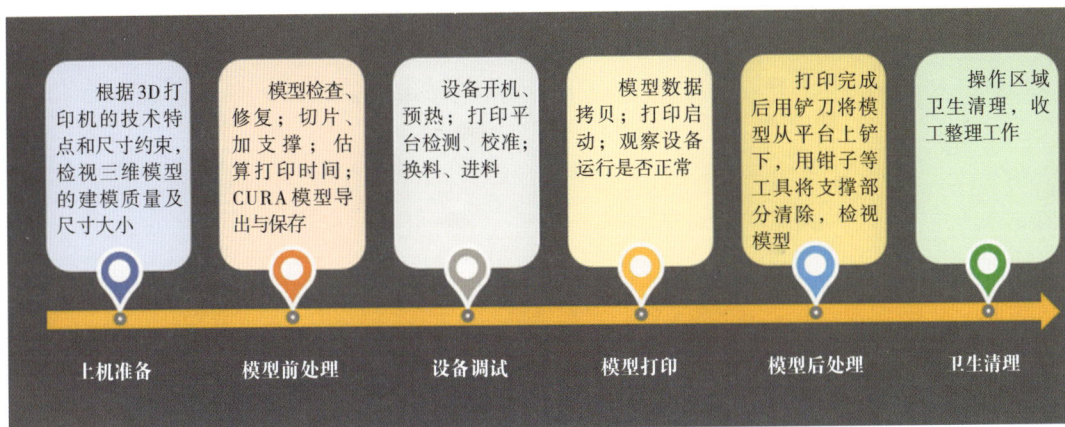

图4-31 流程图（作者：华丽霞）

四、项目案例

本案例中，学生通过创作过程和草图的分析，利用三维建模调节编织式样经纬宽度、密度、编织间距等，使简单的十字编发生渐变变化，使整个灯具的表面编织呈现出数字化效果，完成了十字编的灯具打印设计作品，如图4-32、图4-33所示。

图4-32 竹编纹样3D打样（作者：潘何素）

图4-33 3D打印灯具（作者：潘何素）

【课后训练】

请同学们选择适合自己的方式进行产品的打样，要求作品完整精细，与渲染图对应，作品于下节课课前打分、点评交流。

任务六　竹编工艺与设计

【任务简介】

本节通过训练让学生掌握竹编产品工艺技能操作要点。

【任务目标】

本节学习重点是掌握竹编平面编织技能要点。

本节学习难点是掌握竹编产品工艺规则。

【本节内容】

一、竹编编织的技法原理

竹编基本原理就是把竹丝分成经丝和纬丝两组（或者多组），将其上下相互交叠，利用竹丝的韧性和弹性相互挤压、编织，成为一个固定形态的整体。挑压的数量、间距、方式不同，就会形成不一样的竹编技法。按照竹丝排列方式分类，主要有正十字经纬编、斜十字交叉编、六角编及装饰性花样编法。

1. 正十字经纬编

正十字经纬编也叫挑一压一技法。先将经材排列好，纬材1/1编织法，一条竹篾在上、一条竹篾在下的交织编法，简单易学。此技法可以演变为4/4、3/3，相当于先前的挑一的"一"由并列的2根、3根甚至4根竹篾组成，或者两列（两排）都有不同数量并列，但是此演变过程中要记得其中规律，否则容易出现差错（图4-34、图4-35）。

图4-34　正十字经纬编

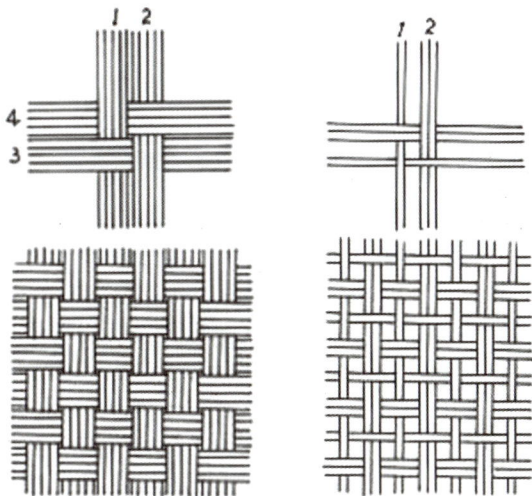

图4-35　正十字经纬编4/4和1/2

2. 斜十字交叉编

斜十字交叉编也叫挑二压二技法。当横的纬材第二条穿织时，必须间隔值的一条，依二上二下穿织，第三条在间隔一条，纬材方面呈步阶式的排列（图4-36）。

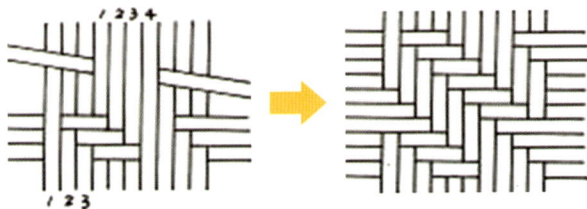

图4-36　斜十字交叉编

3. 六角编

六角编是由三条竹篾起编，第一条在底，第二条在中央，第三条在上，交叉散开，而且角度相等，第二次以六条竹篾分别穿插，而后依次逐渐增加（图4-37）。

图4-37　六角编

4. 其他装饰性花样编法

其他装饰性花样编法如图4-38所示。

图4-38　其他装饰性花样编法（图片来源：何福礼国家技能大师工作室）

外圈（顺时针左上第一排）：

①三篾并一起，挑一压一；②挑三压三，风车转纹；③贴片鱼鳞花；④菊花绕藤；⑤粗细篾挑三压三；⑥挑一压一全文万字花；⑦竹丝镶嵌棕色花；⑧竹丝镶嵌窗纹花；⑨自由编法（乱编法）；⑩压一挑一迎宾花；⑪竹藤结合乱编花；⑫黑白压一挑一骰子花；⑬压三挑三六角花；⑭越来越高山波花；⑮压一挑一反芯花；⑯两棕一白实心花；⑰桂圆弹花六角花；⑱人字花；⑲挑一压一插筋花；⑳挑一压一，两边倒角一字花；㉑挑一压一黑竹花；㉒竹丝镶嵌万字花；㉓棕色白底十字花；㉔穿藤插筋十字花；㉕挑三压三立体花；㉖菠萝纹立体花；㉗斑竹人字花；㉘平面编织"吉"字花；㉙挑二压二一片花；㉚爬山花。

内圈（第一排从左到右、第二排从右到左，第三排从左到右）：

①挑一压二篾丝花；②挑三压三夹芯花；③挑一压一格子花；④挑一压一平面花；⑤挑二压二回纹花；⑥黑白反芯花；⑦挑二压二斜纹花；⑧挑三压三倒芯花；⑨挑三压三立体花；⑩挑一压一凹凸花；⑪挑二压二三角花；⑫铜钱梅花；⑬挑一压一墙砖花；⑭枣核花；⑮挑三压三桂圆花；⑯挑七压一太阳花；⑰挑一压四蛇纹花；⑱大菊花；⑲挑一压一方块花；⑳挑三压三万字花；㉑黑白方格花；㉒挑二压二两片花；㉓十八为角福字花；㉔人字花；㉕四方弹花；㉖平面贴花；㉗两篾包芯花；㉘竹编印花；㉙小菊花；㉚挑三压三水纹花；㉛小梅花；㉜挑三压三五梅花；㉝两色挑一压一篾丝花；㉞四篾粗细花；㉟三篾粗细花；㊱黑白三角花。

二、项目案例

根据上一章节竹编灯具尺寸图开始制作竹编部分，基本原理就是把竹丝分成经丝和纬丝两组（或者多组），将其上下相互交叠，利用竹丝的韧性和弹性相互挤压牵连成一个固定形态的整体，在挑压的数量、间距、方式不同就会形成不一样的竹编技法。利用薄而细的竹丝，以"桂圆孔编"编织技法形成不同纹样固定成立体灯罩，编织孔的大小根据灯具尺寸调节，达到比例精美的艺术效果（图4-39、图4-40）。

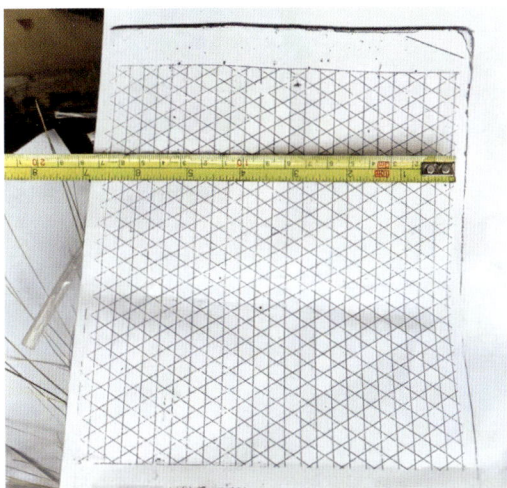

图4-39 纹样尺寸样图（图片来源：东阳市东风竹编工艺厂）

图4-40 桂圆孔竹编纹样实际编织（图片来源：东阳市东风竹编工艺厂）

让灯罩跟着内模保持弯曲弧度，用图钉固定灯罩弧面造型（图4-41）。

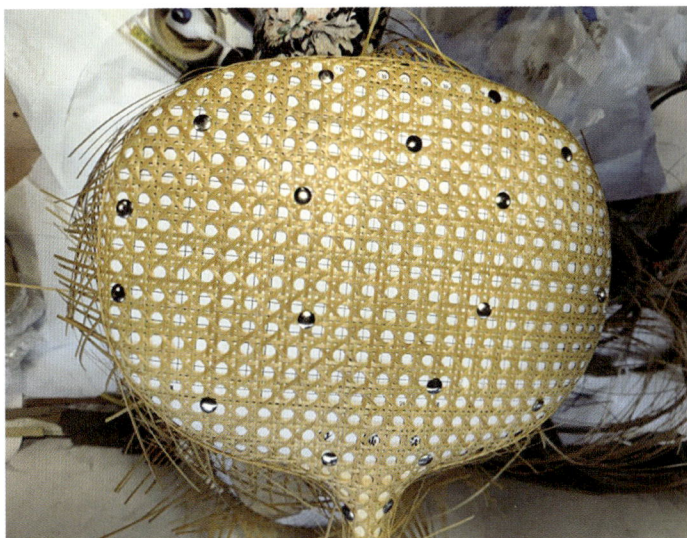

图4-41 固定弧面（图片来源：东阳市东风竹编工艺厂）

竹编灯罩内部增加一层绝缘透光的内衬布，使光照可以更均匀（图4-42）。用胶水将竹编灯罩固定（图4-43）。

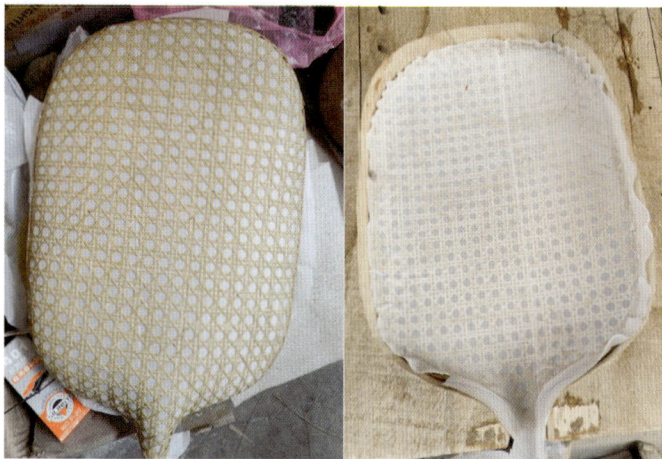

图4-42　竹编灯罩外观和内衬效果（图片来源：东阳市东风竹编工艺厂）

图4-43　固定装配竹编灯罩（图片来源：东阳市东风竹编工艺厂）

在色彩方面，纹样的设色法则继承传统的"同一色调，少量对比"。"同一色调"为根据创作意图和美学原理，以相近的颜色作为木制底盘颜色，形成总的暖色基调；"少量对比"是指在灯罩细节可采用色差较大竹丝进行装饰。如图4-44所示为其他竹编灯罩场景图；如图4-45所示为其他造型竹编灯罩圈口。

图4-44　竹编灯罩场景图（图片来源：东阳市东风竹编工艺厂）

图4-45　其他造型竹编灯罩圈口（图片来源：作者拍摄）

【课后训练】

请同学们挑选挑二压二技法，自行演变为4/4、3/3或者其他不同数量并列，利用计算机平面画图画出编织规律，要求横竖达到6行，保存为图片格式，课后上交进行打分，下次课堂将进行点评。

扫二维码观看教学视频

30.竹编基础编织技法

第四节　设计转化评作品

任务七　竹编产品设计评价

【任务简介】

本节通过学习，让学生掌握设计评价标准的要点与方法。

【任务目标】

本节学习重点是掌握设计评价标准要点。

本节学习难点是掌握设计评价标准方法。

【本节内容】

一、评价标准要点

竹编灯具作为实体产品，传统的评价标为：

（1）产品的易用性，如产品的特征是否直观，使用方式是否简便、安全、可靠。

（2）外观形态的吸引力，如线型、比例、色彩是否具有魅力，能否激发使用者触觉、视觉、听觉等方面的愉悦感受。

（3）维护和修理的便捷性，如故障排除的难度，清洁和更换零配件的难度等。

（4）资源利用的合理性，如零部件成本、制造工艺难度、使用的能耗、对环境和生态的影响等。

（5）产品性格的显著性，如外观的独特性、易辨性，与企业形象的吻合度等。

但是，就目前在现代市场化背景下，综合消费者、设计师和生产经营者三方面的因素，一般认为对产品设计的评价有以下四个标准：

（1）经济性标准，如产品的成本、利润、竞争力、附加值和市场前景等。

（2）技术性标准，如功能性、安全性、可靠性、适用性、合理性、有效性等。

（3）社会性标准，如产品带来的社会效益、环境效益、对人们健康的影响、生活方式的改变和能源的利用方式等。

（4）审美性标准，如产品的造型、风格、时代性、美学价值、个性体现。

二、评价方法

设计评价的方法有很多，这里介绍两种设计评价方法。

1. 坐标法

坐标法是将产品的各项属性特征按坐标的方式加以评定，这样就将对抽象的产品属性特征的理解转化为直观的观察，易于做出快速而准确地评价。如图4-46所示，每项标准作为一个坐标方向，满分为5分。四项属性和形成的封闭空间面积越大，表明该设计在这四项属性标准评定中得分越高。图中评价所用的四项属性可以根据具体情况加以选择。

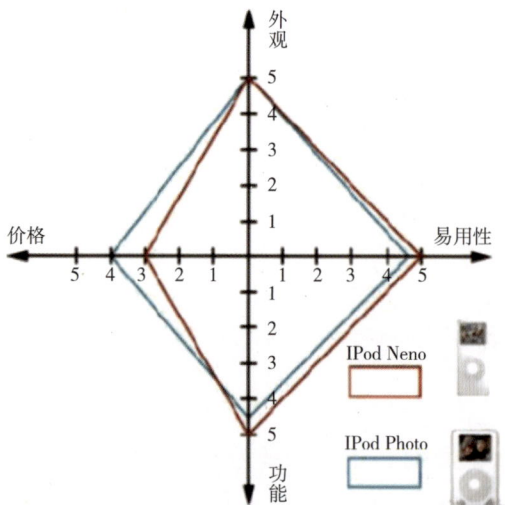

图4-46   坐标法评定苹果两款MP3

2. 点评价法

点评价法就是对各比较方案按重要的评价标准像逐个作出粗略评价，用符号"+"（行）、"—"（不行）、"?"（再研究一下），"!"（重新检查）等表示，根据评价情况做出选择（表4-1）。

表4-1　点评价法

评价项目	A	B	C
满足功能要求	+	+	+
成本符合要求	—	—	+
加工装配可行	+	?	+
使用维护方便	+	?	+
宜人性	—	+	+
造型美观	+	—	+
对环境无危害	+	+	+
具备时尚感	+	+	+
总评	6+	?	8+
结论：C为最佳方案			

【课后训练】

请同学们以小组为单位，与其他组交换作品分别用坐标法和点分析法进行设计评论与分析。

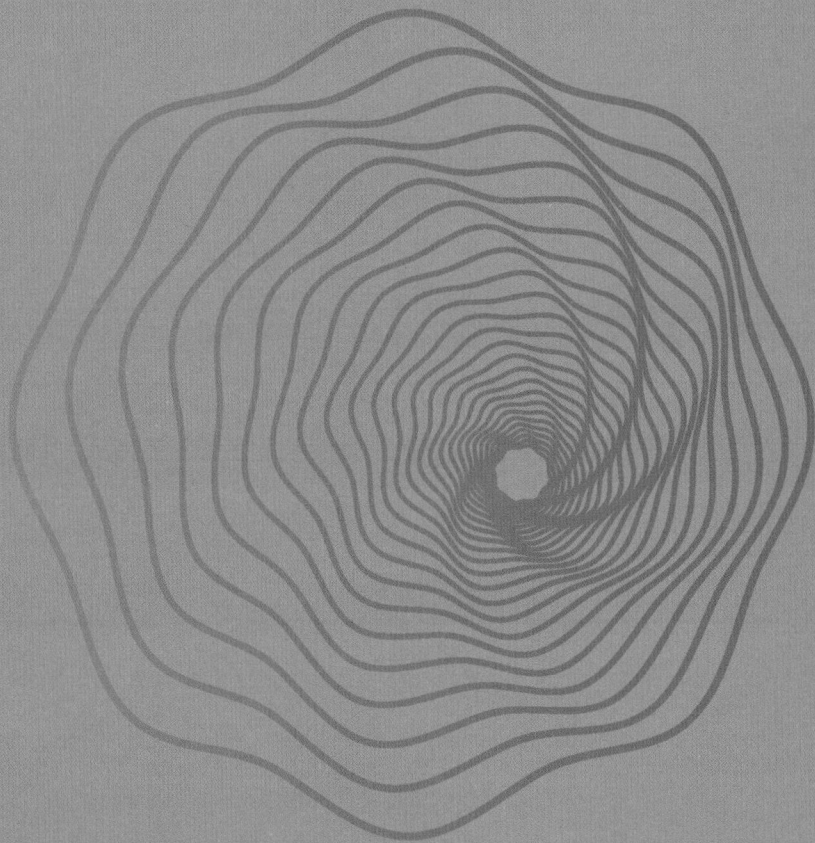

第五章 时尚木制礼品设计实务

导入任务

实木产品的魅力在于：每一块木头都是不一样的。"时间"是艺术创造的永恒话题，木质材料用年轮勾勒时间，带动人的记忆，并将情感溶于其中，是一个有温度，有质感的材料。木头的自然属性，减少了工业化的痕迹，符合文创爱好者追求自然、朴素、去繁就简的生活态度。

本章时尚木制礼品设计项目来自浙江梓式文化传播有限公司谈木集品牌公司，一个专注木器日用品设计开发的公司。本项目要求把木材材料融入时尚现代元素，从用户的使用需求和情感诉求出发，通过设计有针对性的创意设计产品寻找合理的解决方案，开发出系列化木制文创礼品设计。

明确目标

◎ 学习目标

学习本章时，同学们要接触了解木制文化和文创产品，了解文创产品设计创新思维方式，掌握提炼文化内核的设计方法。

◎ 重点与难点

本章学习重点是通过木制文化和文创产品，对木制文创礼品进行创新设计。
本章学习难点是掌握提炼文化内核的设计方法。

分析任务

文化是国家和民族之魂，也是国家治理之魂。随着政府大力提倡发展文化产业，许多原创小众木制产品品牌也随之诞生。宅木品牌是由一群爱好木作的设计师创立的原创设计品牌。该品牌注入古今乃至未来的文化元素，以个性、稀奇、趣味为出发点，设计高端的实木玩偶及家居饰品（图5-1）。

图5-1 宅木大熊猫（木质工艺品）

原上城是中国新锐原创设计师品牌，设计灵动、自然、有趣。他们设计的产品具有极强的艺术感染力，仿佛唤醒了藏在木头里的精灵，使人感到温暖与喜悦（图5-2）。

开物品牌是由一群来自中国港及中国内地的新锐设计师创办的，致力于将试验性的概念设计转化为实用的生活产品，寻找平凡生活用具的"物外之趣"。开物发掘被忽略的奇趣，探索材质的可能性、器物新的使用方式以及视觉表达，持续创造出令人愉悦的生活设计（图5-3）。

图5-2　原上城玩偶摆件——囍鹿

图5-3　开物办公家具

　　熊兴品牌主张的是一种生活态度，不强调流行感或个性，不在产品中强加流行元素而失去木材本身的特质，以"简约好用"贯穿整个设计。如图5-4所示的挪车牌可以说完美地表达了"美观、实用、简洁"的品牌设计理念，它将车主的联系方式放在爱车内，方便联系车主，且电话号码的任意一个数字能够随意地更改。市面上含塑胶材质的产品会对人体有很大危害，所以产品采用美国黑胡桃木的挪车牌木料光泽柔和，用在汽车内饰中透露出一丝古典华丽的气息。木质的留白处，则是特意留出来做个性定制的。而它的第一位定制客户，是梅赛德斯奔驰。

　　谈木集年年红家具（国际）集团旗下的文创木器品牌，致力于对木材材料的集约利用，通过对制作工艺和审美的不懈探索，让木材的温和与生命力在木器长久的使用过程中被感受到。不断尝试木材与更多材质的结合，尽可能地去延展木材和木器的使用边界，期望大自然赋予材料，将它的美珍藏在点滴生活中（图5-5）。

图5-4　熊兴爱心的伴侣——挪车牌

图5-5　谈木集文房四宝红木礼盒

实施任务

第一节　设计探源解文化

任务一　解读木制文创专题文化

【任务简介】

本任务要求学生了解文创概念和木制文创产品文化，木材的材质特征和木材加工工艺，通过视觉、触觉等直接接触，感受与了解它们工艺特征，根据自己的感受与对材料工艺的认识，挖掘可塑性，完成感受、体验、组织、再创造设计，给予木材新的生命力。

【任务目标】

本节任务目标是对木制文化的接触与了解，了解中国木制的发展沿革和特点，解读它们所具备的艺术形式语言的潜能。

【本节内容】

中国是拥有5000年文化底蕴的文明古国，博大精深的传统文化是现代设计取之不尽的宝藏。各种历史文化古迹、数不胜数的古老文物、神话传说等都可以成为设计元素。文创产品设计开发通过对典型文化遗产、历史文化的深入研究，深挖其文化内涵以及商业价值，让消费者深入古典文化之中，与之互动并产生共情，激发大众消费能力，让传统文化真正走入大众的内心，在使用文创产品的同时，传承传统文化，这才是文创产品设计的高层次价值。

文创产品的基本概念

文创产品是指文化创意产品，是设计师的设计灵感、智慧、技能的物质转化。文创产品设计师设计师运用个人的设计知识，汲取文化资源养分，并借助现代科学技术设计创造的文化创意。产品设计者通过特定的文化主题进行创意转化，设计出具备市场价值的文创产品。文创产品同样有狭义和广义之分。狭义的文创产品是物质产品，具有文化主题、创意转化、市场价值三个特点，而广义的文创产品既可以是物质实体，又可以为非物质形态的服务，包括任何能够满足人们需求的产品，同样具有狭义文创产品的三个特点。如图5-6所示，以文房四宝设计为例，山水虽为具象形态，但须表现抽象精神。因此，具体事物的精神生发、具象形态的抽象提炼及具体物态的功能转化，是文创产品设计开发中必须面对的问题。山水可以"为诗""成画"，同样可以"入器"。将经过概括的山水意向，与文房四宝进行结合，借助山东澄泥砚传统加工工艺，以现代创新设计思维，重构兼具山水形式语言与精神特征、富有现代审美体验的文房四宝文创产品（图5-6）。

图5-6 文创产品"儒风岱览"文房四宝设计（作者：张焱）

【课后训练】

了解我国木制产品文化创意产业发展现状，观察、分析、梳理、总结相四个木制文创产品关成功案例。

任务二　解析木制工艺

【任务简介】

本任务要求学生接触原生木材和木材加工工艺以及榫卯结构，了解木材的材质特征、木材加工工艺和榫卯结构，通过视觉、触觉等直接感受它们不同的工艺特征，根据自己的感受与对材料工艺的认识，挖掘其可塑性，完成感受、体验、组织、再创造设计，给予木材新的生命力。

【任务目标】

本节学习重点是对木材质地与纹理的接触与了解。

本节学习难点是了解木材在加工和榫卯结构表现中的各种不同可能性，去挖掘它们所具备的形式语言的潜能。

【本节内容】

木材是一种优良的造型材料，自古以来，一直是最广泛最常用的传统材料之一，其自然、朴素的特性令人产生亲切感，被认为是最富于人性的材料。作为一种天然材料，木材在自然界中蓄积量大、分布广、取材方便，具有优良的特性。在新材料层出不穷的今天，木材在设计应用中仍占有十分重要的地位。

一、木材的特性

木材属多孔吸湿的天然材料，故木材在加工之前需要经历干燥环节，排出不必要的水分，以控制其含水率，改善其受力性能与加工精度，防止在加工环节收缩、变形、开裂，另外，干燥后的木材可以有效防止变质腐朽，减轻重量，方便运输。木材的干燥可以分为自然干燥与人工干燥两种形式。

二、木材的选用

在文创产品设计过程中，应根据不同的用途选用合适的木材。一般而言，文创产品中的木材使用单位体量较小，因此，多选用质地紧密、硬度高的木材。当然，在实际的文创产品设计过程中，也可根据文化主题及地域特征，选择当地盛产且具有独特文化含义的木材入料。

三、木材加工工艺

1. 开板下锯

开板下锯是原木加工的首要环节。制材下锯时，要根据现有的设备、原木的尺寸、质量、肌理、产品的要求及出材率等因素综合考虑。一般可以将制材原木分为横切面、径切面和玄切面。

2. 刨削与凿削

刨削是指利用与木材表面成一定斜角的刨刀刃口与木材表面相对运动，达到木材表面薄层剥离的加工方式，将木材原料加工为合乎尺度且表面光洁平整的部件。

3. 木材热弯

木材的热弯要经历软化处理、加压热弯与干燥定型三个环节。软化处理使木材具有暂时的可塑性，以便木材在外力作用下，按要求变形而不至于折断，并在弯曲变化状态下重新恢复木材原有的刚性、强度。

4. 表面上漆

木制品为达到防水、防潮目的，增加其表面光泽度，往往会对其表面进行上漆处理。上漆前须保证木制品足够干燥，并对其表面进行抛光、磨光处理，去除毛刺，达到表面光洁，保证漆层的均匀性。

四、榫卯结构

榫卯，是古代中国建筑、家具及其他器械的主要结构方式，是在两个构件上采用凹凸部位相结合的一种连接方式（图5-7）。凸出部分叫榫（或叫榫头），凹进部分叫卯（或叫榫眼、榫槽）。

中国古代，榫卯结构既用在建筑领域，也用在家具领域。中国的木建筑构架一般包括柱、梁、枋、垫板、衍檩、斗拱、椽子、望板等基本构件。这些构件相互独立，需要用一定的方式连接起来，才能组成房屋。中国古代的木匠从来不用钉子，全靠这些榫卯去连接。各种榫卯做法不同，应用范围不同，但它们在每件家具和家居产品上都具有形体构造的"关节"作用（图5-8）。

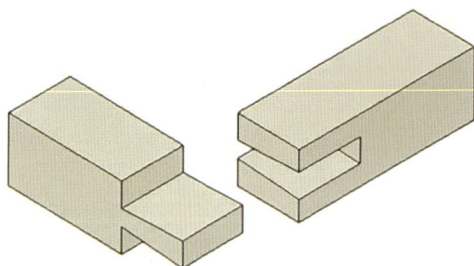

图5-7　榫头榫眼

图5-8　提篮（图片来源：万少君技能大师工作室）

若榫卯使用得当，两块木结构之间就能严密扣合，达到"天衣无缝"的程度。它是古代木匠必须具备的基本技能，工匠手艺的高低，通过榫卯的结构就能清楚地反映出来。

1. 榫卯结构的分类

榫卯结构大致可分为三大类型：一类主要是面与面的接合，也可以是两条边的拼合，还可以是面与边的交接构合，如槽口榫、企口榫、燕尾榫（图5-9）、穿带榫、扎榫等。

另一类是作为"点"的结构方法。主要用作横竖材丁字结合、成角结合、交叉结合及直材和弧形材的伸延接合，如格肩榫、双榫、双夹榫、勾挂榫、锲钉榫（图5-10）、半榫、通榫等。

图5-9　燕尾榫

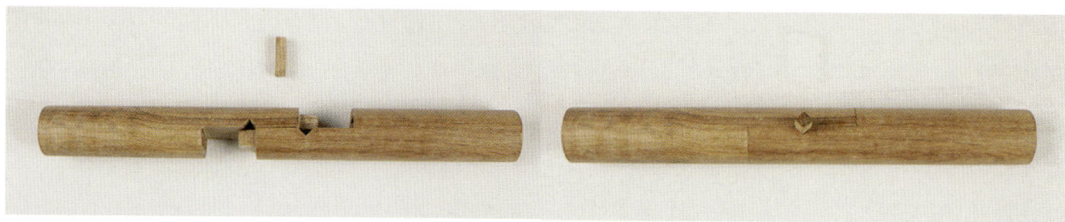

图5-10　锲钉榫

还有一类是将三个构件组合一起并相互连结的构造方法。这种方法除运用以上的一些榫卯联合结构外，都是一些更为复杂和特殊的做法，如常见的有托角榫、长短榫、抱肩榫、棕角榫（图5-11）等。

图5-11　棕角榫

2. 榫卯结构的特点

（1）长久性。结构通过木构件间长短、高低以及曲直进行组合而成，这种组合对于稳固有着非常大的效果。

（2）以木质材料作为主材料。木质材料与金属材料有着非常大的区别，其在膨胀系数上相同，这样就不会因冬夏温度变化而使实木和钉子之间发生松动。

（3）抗震性。对于榫卯构件来说，如果发生地震，那么其建筑物能够经过连接处的变形来吸收地震产生的能量，从而大大地降低地震对结构的损害，而且在震后重建的过程中，还能够对这些结构进行重复使用。

【课后训练】

请同学们搜集三个带有榫卯结构的木制文创产品，并解析其工艺特征和结构类型。

扫二维码观看教学视频

31.木制加工工艺和榫卯结构

第二节　设计创新构方案

○ 任务三　元素提炼运用

【任务简介】

本任务要求通过训练，让学生掌握木制文创产品创新设计流程、产品美学把控，培养学生能够选取设计主题的比较、归纳、提炼、整合，掌握形态语义的功能转化。

【任务目标】

本节学习重点是掌握设计主题的比较、归纳、提炼、整合。

本节学习难点是掌握形态语义的功能转化。

【本节内容】

一、比较

这里的"比较"需要明确的"参考系"，以确保所提炼的文化特征具有"不可替代"性。

二、归纳

所谓"归纳"，主要是指不宜"以偏概全"，我国各省级行政区均有各自的典型文化特征，这些特征如果下沉到"省"一级的行政地理范围，可能是"独一无二"的文化特征，如秧歌、龙舞、狮舞、鼓舞、木版年画、剪纸、刺绣、武术等。但如果上升一个维度，站在全国的维度来看，各地的非物质文化遗产，其共同特征远远大于其地域差异。这种情况，便需要对其进行归纳，形成最具中国特色的文化艺术形象。

三、提炼

"提炼"是一个去粗取精、去伪存真的过程，在文创产品设计中，是将特定区域的文化特征进一步典型化、差异化的过程。除自然历史景观、文化名人、区域土特产外，很多地区的非物质文化资源与其他省市乃至国家的文化资源往往在某种程度上出现类似，这就需要设计者对其进行"差异化"的提炼，通过将其与周边文化生态进行嫁接，构建其与整个区域文化生态之间的关系。

四、整合

所谓"整合"，是指文创产品设计中，对类似的文化现象进行处理。并不是单纯地"合并同类项"，也不是"1+N=1"，更不是"1+N=N"，而是"1+N=1.n"的状态。

五、形态语义的功能转化

以"古琴"为符号语言进行功能转化，首先要将其特有的形态语义予以延续，并结合当前生活的现实需要，对位常用的使用功能。因此，我们将"古琴"的形态语义向"移动电源"功能语义转化。本设计以古琴形态特征为基础，结合移动电源的使用功能，采用红木镶银传统工艺，对木、银、铜等材质进行组合，形成既具备现代使用功能又具备东方传统审美特征的文创产品（图5-12）。

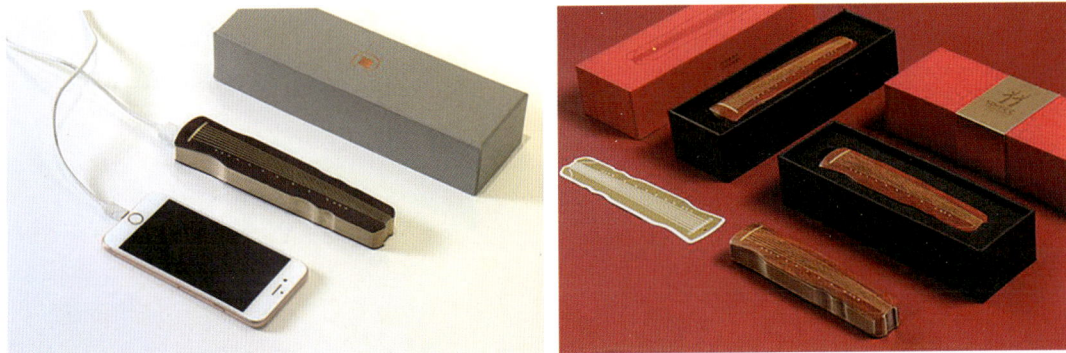

图5-12 文创产品"古琴充电宝"设计（作者：张焱）

六、项目实践——义乌香器礼品设计

义乌是一座从无到有、"点石成金"的城市。因而，本设计将"点石成金"作为主要设计点，深入了解义乌发展史，从义乌的以前、义乌的现在、义乌的将来展开设计。按照这三个方向分别进行元素搜集和汇总（图5-13~图5-15）。

义乌地处浙中金衢盆地，一不靠海，二不沿边，山多地少，土地贫瘠。

义乌在经济发展的大潮中历练陶冶，并成功开辟了属于义乌的"特色道路"。

义乌的以前

点"石"成金，石头造型香立

义乌人敢为人先，追梦逐浪。 → 波浪纹

元素汇总：
Element summary

海浪纹

石头造型

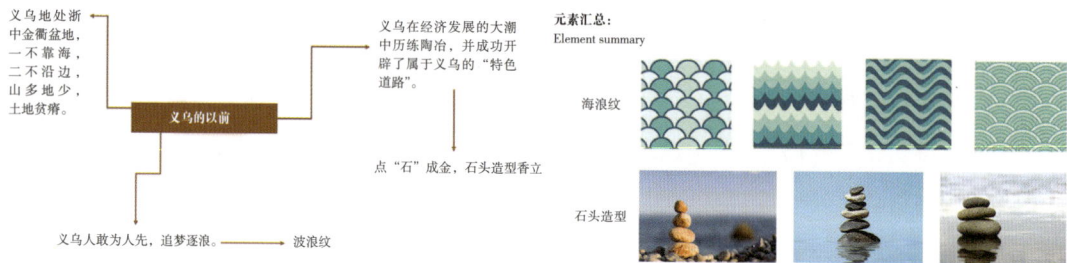

图5-13 义乌的"过去"设计构思过程和元素汇总（作者：高美娜）

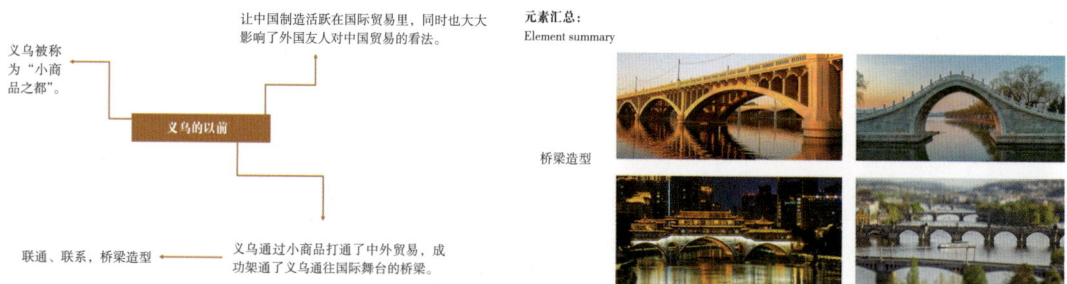

义乌被称为"小商品之都"。

让中国制造活跃在国际贸易里，同时也大大影响了外国友人对中国贸易的看法。

义乌的以前

联通、联系，桥梁造型 ← 义乌通过小商品打通了中外贸易，成功架通了义乌通往国际舞台的桥梁。

元素汇总：
Element summary

桥梁造型

图5-14 义乌的"现在"设计构思过程和元素汇总（作者：高美娜）

义乌发展具有时代特征的先进文化，这是义乌全面建设小康社会、走科学发展之路的不竭源泉。

凭着自强不息、甘于吃苦的精神，硬是在一个资源禀赋先天不足的地方培育出全球最大的小商品市场。

义乌的辉煌也绝不止于此，定会更上一层楼。

义乌经济发展的成功案例为中国经济改革提供了宝贵的地方经验。

层层递进山峦造型。

元素汇总：
Element summary

山峦造型

图5-15 义乌的"将来"设计构思过程和元素汇总（作者：高美娜）

1. 设计方向

产品设计从义乌地理位置出发，因义乌一不靠海，二不沿边，山多地少，土地贫瘠，从而使义乌发展滞后，但在时间的浪潮里，义乌人民自强不息、甘于吃苦的精神抵住了经济发展的大浪。如图5-16所示，香器底纹融入海浪纹，香立选取石头为造型，采用黄铜材质，体现大浪淘沙之景，展现义乌人敢为人先、追梦逐浪的精神。

图5-16 大浪淘沙，始见真金（图片来源：谈木集）

小商品贸易的成功为我们架通了中外贸易的桥梁。如图5-17所示，产品整体造型选取了简约的桥梁造型，搭配沉的木质材料，同时加入黄铜材质的香立，丰富产品的层次感。焚香，濡养仁人志士的身心，架通人天智慧的金桥。

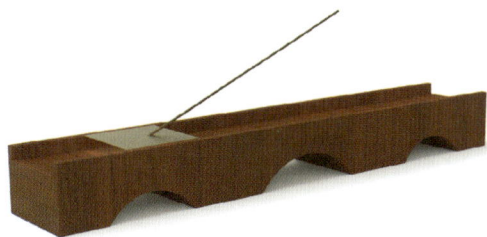

图5-17　一桥飞架中外，天堑变通途（图片来源：谈木集）

要想看得更远，就要登得更高。如图5-18所示，产品以层层递进的山为主要造型，正如义乌的发展，一步一个阶梯，每一阶段的抵达，身后都是一个个脚印的积累。同时，义乌经济发展的成功案例也为其他城市带去宝贵经验，正如香器里释放出的烟，飘向远方。

图5-18　欲穷千里目，更上一层楼（图片来源：谈木集）

2. 包装设计

在包装盒设计中，整体颜色采用产品带有的金色作为整体色调。简单而有仪式感的用香，给生活增添一份悠闲和雅致（图5-19）。

图5-19　产品包装（图片来源：谈木集）

七、项目案例

1. 木制项链案例

"此物最相思"是一个用木头讲述情感的系列产品。在很多人脑海里，木头给人的感受大致是这样的：含蓄、温暖、陪伴，所以，本项目尝试把树叶的形态做成项链，用木头的温和与生命力来表达内心深处最柔软的情愫，创作出情人节系列礼品。在前期选定叶子形态上，反复修改画草图（图5-20、图5-21）。

2. 义乌礼品《文房四宝》案例

城市礼物是能够一定程度上承载和传播一个城市特定历史时期的地域特色、文化内涵、生产力水平、人们精神面貌等诸多方面特色的、可用于馈赠的商品载体，属于旅游商品文化消费范畴。

如图5-22、图5-23所示，在本次义乌礼品设计中，要既体现中华优秀传统文化内涵，又能承载义乌元素。基于以上想法，由义乌的骆宾王想到了《咏鹅》，以"咏鹅"为主题设计了文房四宝。在笔架造型上采用"鹅"的造型，笔架底下设计了抽屉，可以方便人们存放毛笔的笔盖；也运用了鹅设计了笔搁，体现系列性；由义乌的荷叶塘提取了荷叶的元素雕刻在砚台上面，体现义乌元素；毛笔的笔挂也运用了荷叶进行浮雕设计，使其具有整体性，有利于吸引消费者购买。

八、大师作品

中国是世界上最早有天文学的国家，源于中国古天文学的魁星文化，其历来对中国的读书人影响巨大。浙江龙游红木小镇古建总工郭锦昂先生，深耕木作与古建多年，堪称高手上工、业界栋梁。他于精进不懈之中，将古建中与中国古天文学二十八星宿思想紧密相连

图5-20 叶子草图（作者：胡圆圆）

图5-21 叶子木制项链草图（作者：胡圆圆）

图5-22 义乌礼品《文房四宝》笔架草图（作者：金晓宇）

图5-23 义乌礼品《文房四宝》草图（作者：金晓宇）

的斗拱（对应北方七宿中掌管文昌的"斗宿"）文化，与现代乐高积木反复穿插融合，并凝集"魁星点斗"之嘉意，使一款饱具传统气韵、道器合一的"魁星凳"耀世而出（图5-24、图5-25）。

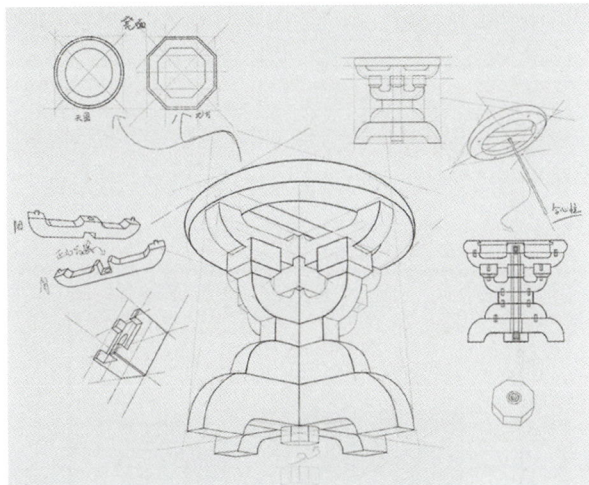

图5-24　魁星凳草图（图片来源：谈木集）

图5-25　魁星凳实物图（图片来源：谈木集）

　　魁星凳共有零件18件，含凳面，是以榫卯结构为基础，结合金属合心柱加强稳定核心的一款古式小凳。两者相互融合，是古代传统榫卯工艺与古代天文学的智慧知识碰撞。古建筑斗拱底座共有六层，多重暗喻，代指古书六经，望学子学有所成，也指六亲，愿在书籍中学会如何孝顺长辈、体恤幼小、尊师重友（图5-26、图5-27）。

　　凳面分为天圆款、地方款。天圆款，天圆，为"天佑"之意，取义于《易经》"自天佑之吉无不利。"而地方款的入角形，取自中国古典园林隔景院墙之上的八角门。"八方式，斯亦可为门空"，其形制简洁，有吉祥临门的含义，而八这个数字也有无限之意，暗含极大的能量（图5-28）。

　　魁星凳主要材质为国际红木鸡翅木，质地坚硬，光滑细腻，包装礼盒尺寸为50cm×41cm×12.5cm，礼盒内部有魁星凳组装零件的18个配件，手套1双、木蜡油1罐、防滑垫4片（图5-29、图5-30）。

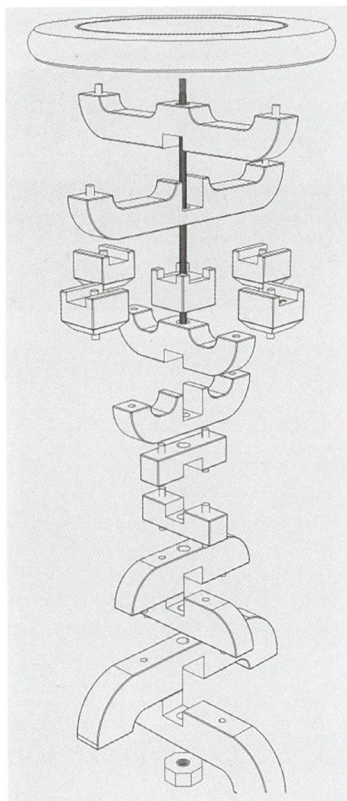

图5-26　魁星凳结构图（图片来源：谈木集）

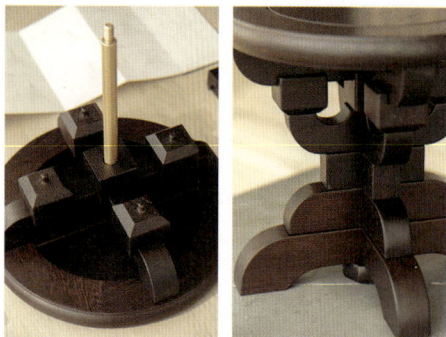

图 5-27　魁星凳实物组装图（图片来源：谈木集）

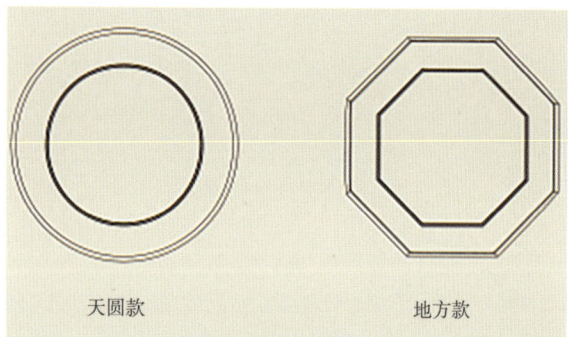

图 5-28　天圆款和地方款魁星凳（图片来源：谈木集）

图 5-29　魁星凳礼盒包装内部图（图片来源：谈木集）

图 5-30　魁星凳礼盒包装外部（图片来源：谈木集）

【课后训练】

对设计主题比较、归纳、提炼、整合，并进行木制文创产品设计，提交三份草图方案。

扫二维码观看教学视频

32. 木制礼品手绘草图（1）

33. 木制礼品手绘草图（2）

任务四 设计建模渲染呈现

【任务简介】

本任务要求学生对木制文创产品草图方案进行建模渲染，最后呈现完整设计效果。

【任务目标】

本节学习重点是掌握木制产品建模步骤。

本节学习难点是掌握木制产品渲染贴图效果图步骤。

【本节内容】

建模渲染步骤

先根据上一章的设计方案，根据尺寸在三维软件犀牛Rhino7中进行细分建模，确保尺寸精确。

（1）首先打开犀牛软件，放入参考图，然后使用曲线工具 ![icon] 绘制外形轮廓和基本结构（图5-31）。

图5-31 犀牛绘制外形（作者：卢天宇）

（2）创建细分球体，删除下半部分，并挤出叶柄。然后，创建单一细分面，用 ![icon] 工具按照结构线挤出平面并调整，其次在用桥接命令 ![icon] 封面，最后选中结构线（红色所选线）向后移动一段距离（图5-32）。

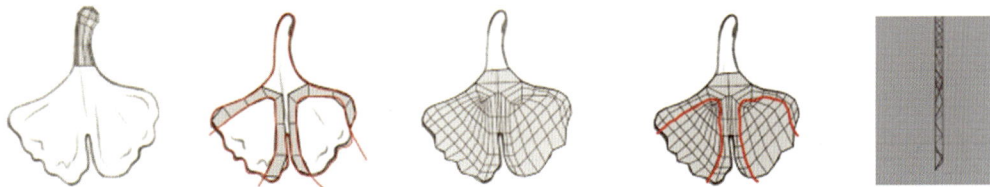

图5-32 犀牛创建细分步骤1（作者：卢天宇）

（3）使用偏移命令 ![icon] 偏移出厚度，然后在侧边插入环形细分边缘， ![icon] 并放大，再移除锐

边 ◢，最后删除顶部，并调整，再桥接，最后调整整体造型，按Tab键切换查看（图5-33）。

（4）把细分模型转成犀牛，然后保存（图5-34）。

图5-33　犀牛创建细分步骤2（作者：卢天宇）

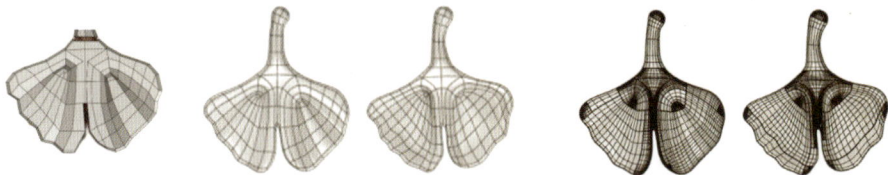

图5-34　犀牛创建细分步骤3
（作者：卢天宇）

（5）打开Keyshot，调整环境灯光在库中选择第三个灯光，在项目栏背景处选择颜色为白色背景，取消勾选地面阴影，在库材质栏选取合适的木材材质，或者贴上合适的木材材质，在材质栏，适当给一点粗糙度（任何东西都有粗糙度，如果做透明玻璃可以不用给），降低折射指数（折射指数=反光指数），然后调整角度，渲染导出（图5-35）。

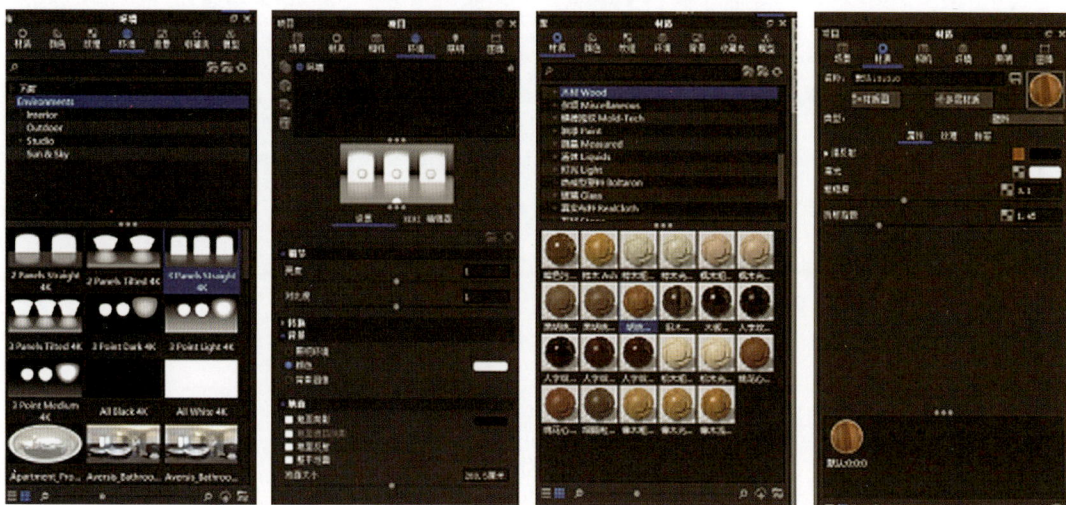

图5-35　犀牛Keyshot渲染步骤（作者：卢天宇）

（6）根据此步骤，将剩下叶子造型全部建模出来（图5-36）。

图5-36　其他叶子建模（作者：卢天宇）

（7）其他叶子渲染效果如图5-37所示。

图5-37　其他叶子渲染效果（作者：卢天宇）

【课后训练】

请同学们对自己设计的方案产品进行建模渲染，要求源文件格式和jpeg.格式渲染图片提交，课后上交打分，次课堂进行点评。

扫二维码观看教学视频

34.木制礼品建模

第三节　设计优化验工艺

任务五　木雕工艺与设计

【任务简介】

本节通过训练，让学生掌握木制产品手工雕刻和机器精雕操作流程与注意事项。

【任务目标】

本节学习重点是掌握手工雕刻技能要点。

本节学习难点是掌握木工雕刻机运行方式与手工雕刻的工艺区别。

【本节内容】

一、手工木雕

木雕是木工中分出来的一个工种，属于精细木工的分类，是我国著名的民间工艺。木雕不仅是技艺的一种表现形式，还有深厚的历史文化底蕴。根据上一小节木制叶子项链设计效果图，利用手工木雕进行实物制作。

准备工具：大小不同的雕刻刀几把，线锯一把，木锉一把，削木小刀一把，砂纸800目一张，大小约16cm×32cm，厚度约2cm的木板一块（图5-38）。

在木料选择上，只要不太硬，大部分木头都可以用来练习。黑胡桃、樱桃木、柚木、金丝楠及一般的椴木、楸木、松木等都可以。

图5-38　准备工具

1. 画草图

选择一大叶榕作为雕刻的原型，首先要按照树叶的形状画出草图，可以用铅笔直接画在木头上。这片树叶的重要特征是：树叶的边缘有卷边，叶脉是轻微凸起的，树叶边缘高低不一，中间高，两端较低。需要把重点画出来，可以适当精简一些叶脉，如果太密不容易抠图。大致标出边缘的高点、低点及卷边的位置（图5-39）。

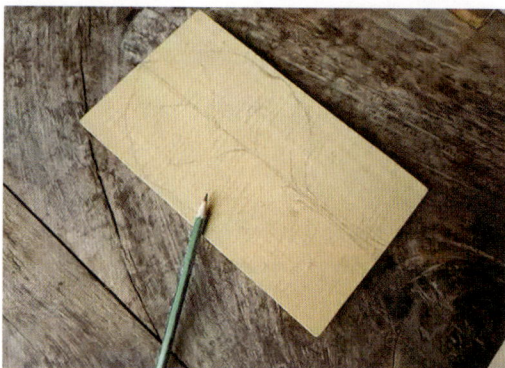

图5-39　画草图

2. 挖粗坯

草图画好后，把木板夹持在桌子上，防止木板发生侧滑。选一把半圆凿刀（打胚刀），新手可以选中等的刀（刀口宽约1cm），刀太大操作不便，刀太小则效率低下。慢慢挖出凹槽，挖完一边再把木板反过来挖另一边，直到深度足够，就要停手，尽量不要超过木板厚底的2/3（图5-40）。

图5-40　挖粗坯

图5-41　修光滑

图5-42　重新画出叶脉

图5-43　铲出叶脉

3. 修光滑

叶子形态挖得够深后，接着换一把刀，刀口圆弧是浅圆的，要把凹下去的位置挖平滑。继续不停变换方法挖，直到手感平滑即可（图5-41）。

4. 制作叶脉

重新画叶脉，叶子的前端和后端稍低一点，要把边缘挖下去一些，降低高度，再重新画出叶脉（图5-42）。

接着，换一把手持小凿刀。建议弯柄、直柄两把轮流使用。注意，保证不要铲掉叶脉的位置，叶脉宽度约为1~2mm，比周边高出一点就可以（图5-43）。

这个过程要不断变换刀的方向，一旦发现木头有开叉的现象，就要反方向运刀。开叉意味着用刀时逆着木纹方向了。用刀正确的话，理论上讲，挖出来是光滑的，不用打磨。卷边的地方，下刀要陡一些，角度基本接近90度（图5-44、图5-45）。

图5-44　变换刀的方向

5. 锯形

挖好叶脉之后，重新画出树叶边缘，然后开锯。用一把手持拉花锯，贴着边线上下拉动。这里有口诀：锯条绷紧，匀速运动，力度要轻，过弯要慢，切忌蛮力。锯条要与木板垂直，否则，底部可能被锯坏。锯到最后，树叶把柄的部分先别锯掉，因为树叶的底部还没做，可以利用没锯掉的那部分来固定木块（图5-46）。

6. 底部修形

木块底部朝上，用G形夹夹住没锯掉的部分。找一把大点的浅圆凿刀，从树叶中间往两端方向削出底部的弧度。刀痕可以随意一点更美，控制好力度，定期检查树叶的厚度，以2~4mm为宜，太薄容易弄穿。底部做好后，把柄部分就可以完全锯掉了（图5-47）。

7. 锉形

锯完后把柄是方的，我们先用木锉来回锉一下把柄，像锉指甲一样锉。锉完后可能还会比较毛糙，最后可以用小刀削一削，让表面更有质感。修整细节，使叶柄到位（图5-48）。

8. 打磨

打磨对于做树叶其实是可有可无的。如果非要打磨一下，建议用800目的砂纸轻轻擦拭，去掉一些小毛刺，使手感更佳。记住一定要保护叶脉，绝不能用粗砂纸，打磨也

图5-45　卷边位置下刀方向为90度

图5-46　锯形

图5-47　底部修形

图5-48　锉形

要注意细节。轻轻打磨完之后，表面蒙上了一些木灰，颜色略显白。木灰要尽量拍去，千万别水洗，也别用毛巾拭擦。有条件的可以用气泵吹，或者用摄影需要的吹气筒。在侧光的照射下，脉络、叶脉、卷边都清晰可见，可以说是惟妙惟肖。

9. 上油

为了防止天气干燥引起开裂，上些蜂蜡用来保护。可以直接涂抹，不需要热风枪吹，也可以用固体蜂蜡块涂抹，再吹热风让蜂蜡融化。除此之外，还可以上木蜡油（建议寻找食用级的）、大漆（一种天然树汁，使用已经有千年历史）等。上油后，叶片颜色会变深（图5-49）。

图5-49　上油

二、木工雕刻

木工雕刻机使用雕刻软件进行雕刻，然后输入计算机，进行自动雕刻。自动雕刻有三种控制方式：一是所有的运算工作由计算机控制完成，雕刻机在工作时计算机处于工作状态，无法进行其他的排版工作，可能会因计算机的误操作而造成废品；二是采用单片机控制，雕刻机工作的同时可进行排版，但不能关闭计算机，可减少计算机误操作造成的废品；三是采用USB口传输数据，系统有32M以上的内存容量，保存完文件后即可完全

图5-50　雕刻机

脱离计算机、关闭计算机或进行其他排版，可大幅提高工作效率（图5-50）。

雕刻机上的高速旋转雕刻头，通过按加工材质配置的刀具，对固定于主机工作台上的加工材料进行切削，即可雕刻出在计算机中设置的各种平面或立体的浮雕图形机文字，实现雕刻自动化作业。与手工雕刻相比，计算机木雕机具有相同的深度，过渡点更平滑。手工雕刻时，雕刻深度不同，而且雕刻深度有限。有些人在制作过程中还可以选择木工雕刻机雕刻，然后手工修改，这可以提高雕刻效率和精度。如图5-51所示为木工精雕机制作的工艺品。

如图5-52~图5-54所示，将木制银杏叶建模文件输入木工雕刻机，完成木制银杏叶实物制作，打磨上色完成细节制作，配上项链，进行系列化包装设计。

图5-51　木工精雕机制作的工艺品

图5-52　叶子项链实物图（图片来源：谈木集）

图5-53　叶子项链场景图（图片来源：谈木集）

图5-54　叶子项链礼盒包装（图片来源：谈木集）

【课后训练】

请同学们对自己设计的方案产品木制礼品实物制作。

扫二维码观看教学视频

35.木雕工艺

第四节　设计转化评作品

任务六　木制礼品设计评价

【任务简介】

本节通过学习，让学生掌握设计评价标准的分类与作用。

【任务目标】

本节学习重点是掌握设计评价标准分类。

本节学习难点是掌握设计评价标准作用。

【本节内容】

一、设计评价特点及分类

设计评价分为消费者的评价、生产经营者的评价、设计师的评价等形式，它们在评价标准、要求等方面都有各自的特点。消费者的评价多考虑价格、功能性、安全性、可靠性、审美性等方面；生产经营者多从成本、利润、可行性、生产周期和销售前景等方面进行评价；设计师则多从产品带来的社会效益、对环境的影响、宜人性、审美价值、与人们生活方式的关系等方面进行评价。

设计评价分为定性评价和定量评价。定性评价是指对一些非计量性的评价项目，如审美性、舒适性、创造性等所进行的评价；定量评价则是指对成本、性能可以计量的评价对象所进行的评价。

二、设计方案评估表

在现代市场化背景下，综合消费者、设计师和生产经营者三方面的因素，一般认为对产品设计的评价包括造型审美、好用耐用、经济成本和可持续性等四方面，可以按表5-1中的评价标准项逐个作出粗略的评价，以1~5分的形式表达。分数越高，该项达标程度越高。通过总分高低，能初步判断出设计的优劣。

表5-1　设计方案评估表

项目	评分（1~5分）
造型美观性	
独特性与创新性	
耐看的	
结构合理化、协调性	
使用方式的可视化	
符合当下设计趋势（现代化）	
环保的、可持续的	
具有文化内涵的	
非抛弃型的（便于维修、清洁）	
作品名称：	总分：

【课后训练】

请同学们以小组为单位，与其他组交换作品进行评分表打分。结合各自的设计评价表的评分情况，针对具体的低分项，对自己的设计方案进行最终的改进和深化。

第六章　时尚陶瓷礼品设计实务

导入任务

本章的训练主题是陶瓷产品创新设计。借助设计思维，对陶瓷产品的功能、原理、结构、造型、色彩、画面、布局等方面进行全面包装，其目的在于提升传统陶瓷产品的实用性和艺术性。

感悟中国传统生活文化中的图案、造型、材质、工艺之美。通过实践陶瓷工艺，将中国传统文化中的审美符号与现代设计方法相结合，是中国传统陶瓷新生的方向。

明确目标

◎ 学习目标

学习本章时，通过对陶瓷文化和工艺的了解，对陶瓷产品进行创新和改良设计，使工艺美和使用美相结合。

◎ 重点与难点

本章学习重点是通过对陶瓷文化和工艺的了解，对陶瓷产品进行创新设计。

本章学习难点除了要用设计的手段解决结构、功能和装饰的问题外，更多关注设计与文化的关系。

分析任务

在实际教学过程中，培养学生设计能力的同时，也培养学生的技术能力，让学生充分熟悉实践操作。完成陶艺从炼泥、拉坯、捏雕、泥板、泥条、泥球、石膏注浆、翻模、烘干、施釉、烧窑等一系列工艺，把传统陶艺技法和产品设计结合。陶艺技艺需要将审美和技艺结合，经过长期的苦练才能成功。创新是建立在传统之上的，需要基本功的历练，才能对传统的继承有所裨益。使中国陶瓷产品成为最有特色的文化名片，通过现代设计，寻找中国传统陶瓷的复兴方式是本章设计任务。

Spin中文名为"旋"，是上海的一家陶瓷设计公司。早在2007年，上海的实体店就以景点的身份成为Lonely Planet这类旅游手册的推荐，冠以"上海十大必去之地"的名号。如今，Spin已在北京、纽约、新加坡等地开店，成为一个传统陶瓷与现代设计融合的品牌。

Spin的产品简单、优雅、有机、流畅，Spin的设计总监将中国传统简约、唯美元素充分地运用到陶瓷造型的设计中来。例如，金顶水滴罐以模仿水滴的造型为其创意来源，简单的造型和简洁的色彩相得益彰，完美地展现了纯净之美，如图6-1所示。Spin的产品案例既保留了传统陶瓷的古典美，又不失个性和设计感，符合当下追求简单精致生活的现代需求。

图6-1　Spin陶瓷产品金顶水滴罐

实施任务

第一节　设计探源解文化

任务一　解读传统陶瓷文化

【任务简介】

　　本任务要求学生了解中国陶瓷积淀、深厚的文化底蕴，了解陶瓷丰富的品类，为中国陶瓷的成就感到骄傲和自豪，对这些传统文化宝库中的精华继承发扬并加以创新。

【任务目标】

本节学习重点是了解陶瓷的起源，熟悉各个历史时期的代表作品。

本节学习难点是了解并分析我国不同时期陶瓷作品的特点。

【本节内容】

一、中国陶瓷的演变

1. 早期陶器的造型历史

上山文化陶盆都是夹炭陶，在胎土中往往会出现稻谷壳等有机质，这也是新石器时代上山文化的独特之处。在器型上，上山文化陶盆以大敞口、小平底为共性特征。如图6-2所示为新石器时代上山文化（距今约11000~8500年）的陶壶，浙江省义乌桥头遗址出土。如图6-3所示为新石器时代上山文化的陶盆，浦江上山遗址出土。

图6-2　上山文化陶壶

图6-3　上山文化陶盆

2. 唐代以前中国瓷器的造型历史

商代陶器可以烧造"原始瓷器"。秦始皇陵兵马俑是中国乃至世界制陶史上的一大壮举。隋代中国的制瓷产业集中于长江流域，比如以浙江的上虞、余姚、绍兴等地为代表的"越窑"，浙江南部温州地区的"瓯窑"，杭嘉湖平原地区的"德清窑"，浙江中部金华地区的"婺州窑"，江苏宜兴鼎蜀镇附近的"均山窑"。

东晋以后，盘口壶的口部逐渐加大，颈部增高，腹部变得修长，各部位的比例日渐协调，造型曲线柔和，形态优美，此时的盘口壶重心偏下，放置时十分平稳，使用时也较为省力。六朝时期，南朝的瓷器造型已经通过人为的努力，开始注重将造型的实用性与外在的审美性完美地结合在一起，是实用性与审美性兼备的开端，如图6-4所示。

图6-4　盘口壶

3. 唐代以后中国瓷器的造型历史

唐代越窑瓷场迅速扩展，诸暨、绍兴等县相继建立瓷窑，形成一个庞大的越窑瓷业系统。同时，在北方地区以邢窑为代表的白瓷窑厂也迅速地发展起来。唐三彩属高温铅釉陶，但突破了单色釉装饰陶器的局限性，具有富丽堂皇、精彩华丽的艺术效果。

从造型上来看，唐、五代时期的中国瓷器在造型上主要有以下几个特点：第一，陶瓷制品种类相应增多。茶具、餐具、酒具、文具、玩具、乐器及实用的瓶罐和各类陈设装饰器物，几乎无所不有。第二，造型总体来说倾向于浑圆饱满的状态，尤其是小件器物，精巧而有气魄，单纯而有变化。第三，陶瓷制品的造型也出现了许多过去没有见过的新样式，比如跪人尊、三彩鸳鸯壶、凤头壶、皮囊壶、花釉拍鼓、带柄鸟形杯等，如图6-5所示。总之，唐、五代陶瓷器物的造型，逐渐由之前的笨拙粗重向精巧优美转变，其形态丰富多样、风格鲜明，具有新的时代特征。

图6-5　隋代白瓷龙柄鸡首壶

宋代瓷窑主要被划分为北方地区的定窑系、耀州窑系（图6-6）、钧窑系（图6-7）、磁州窑系（图6-8）、南方地区的龙泉青瓷系（图6-9）、景德镇的青白瓷系（图6-10）。宋代颈瓶的造型样式便有玉壶春瓶（图6-11）、瓜棱瓶（图6-12）、扁腹瓶、直颈瓶、梅瓶（图6-13）、多管瓶、橄榄瓶、胆式瓶、葫芦瓶、龙虎瓶、净瓶等。这些器型的变化大多表现在口、颈与腹部。宋代颈瓶大体可分为两类审美特征，即修长秀美者与短硕稳重者。无论哪种造型模式，均体现出宋代瓷器生产工艺与社会审美观念的完美结合。

图6-6 宋代耀州窑盖盒

图6-7 北宋钧窑乳钉洗

图6-8 宋代磁州窑花卉纹嘟噜瓶

图6-9 南宋龙泉窑青瓷凤耳瓶

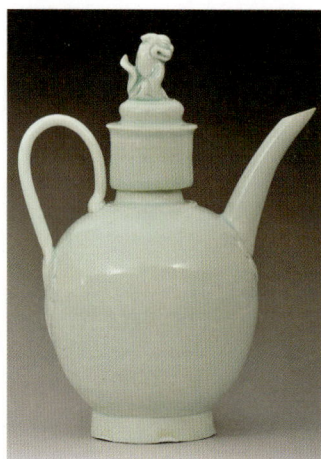

图6-10 北宋景德镇青白瓷釉兽纽注壶

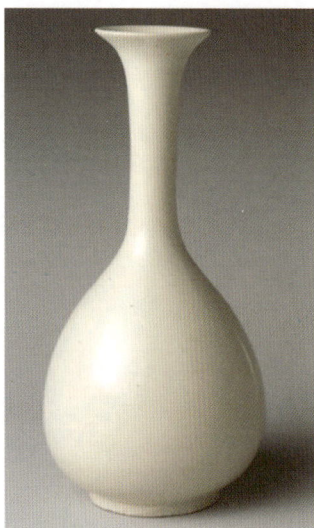

图6-11 北宋定窑白釉玉壶春瓶

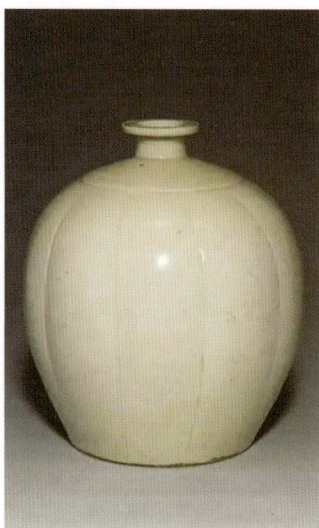

图6-12 宋代定窑白釉瓜棱瓶

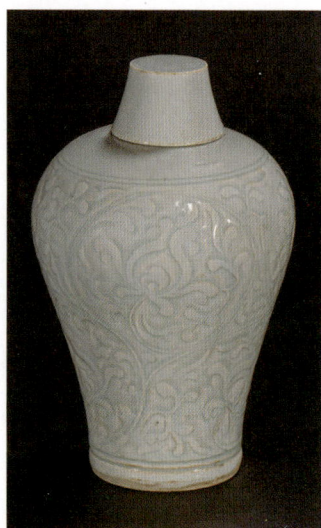

图6-13 宋代梅瓶

元代的制瓷中心南移，景德镇窑开始烧造青花、釉里红等高温彩绘瓷。四系小口扁壶、高足杯、僧帽壶（图6-14）及多穆壶（图6-15）就是元代瓷容器中的新创品种。

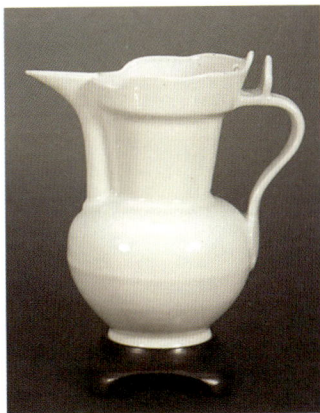

图6-14　明永乐甜白釉僧帽壶　　　图6-15　多穆壶

明代的瓷器烧制依不同的釉彩分三个阶段：前期的青花、釉里红，中期的斗彩，晚期的大明五彩和单色釉。

清代康熙古彩、雍正粉彩、乾隆珐琅彩是继大明五彩后釉上彩绘瓷的又一发展。

二、浙江陶瓷的发展

"青瓷"被晋人称作"缥瓷"，唐人誉为"千峰翠色"，又有"艾色""秘色""雨过天青""梅子青""粉青"等不同描绘，人们用不同的名字演绎这一部绝美的瓷器传奇。早在商代，位于今浙北地区的德清就已出现最早的瓷器——原始青瓷。浙东上虞小仙坛窑址出产的东汉青瓷，被学术界公认为中国迄今发现最早的成熟瓷器。

宋代青瓷审美到达高峰，北方以汝窑、耀州窑为代表，南方则以浙江为中心，越窑、龙泉窑、婺州窑、瓯窑各放异彩，南宋官窑以皇家御用窑的地位，将青瓷的辉煌带向了顶峰。

龙泉窑是中国制瓷史上最长的瓷窑系，时间跨度达1600多年。龙泉青瓷传统上分"哥窑"与"弟窑"。哥窑瓷（图6-16），与著名的官、汝、定、钧并称为宋代五大名窑，特点是胎薄如纸、釉厚如玉、釉面布满纹片、紫口铁足、胎色灰黑。此类产品以造型、釉色及釉面开片取胜，因开片难以人为控制，裂纹无意而自然，可谓天工造就，更符合自然朴实、古色古香的审美情趣。另一类胎白釉青，釉色以粉青、梅子青为最，豆青次之，即所指的弟窑。青翠的釉色，配以橙红底足或露胎图形，产生赏心悦目的视觉效果。

婺州窑，因广泛分布于浙江中西部的金华（古称婺州）、衢州一带，其烧成的青瓷被统称为婺州窑。婺州窑创烧于东汉，成熟于六朝，鼎盛于唐宋。西晋发明的釉下褐彩瓷，是我国最早烧制的彩瓷。两晋在胎外施用化妆土的工艺，对中国陶瓷发展的贡献极大；创造的乳浊釉窑变工艺，对当地陶瓷多样性有深远意义。堆塑工艺之拙，婺瓷之美，以堆塑最具婺州地域特色，堆塑技艺在东汉、三国时期已经成熟，以捏塑、刻画、堆贴、镂空、模印等手法，各种人物、建筑造型、飞鸟、走兽、虫鱼齐聚于堆塑瓶上，形象生动，浑厚质朴，营造出奇崛的生活图景，是构思奇巧的艺术品。图6-16所示为南宋时期的哥窑青釉葵花式洗，高2.9厘米，口径12.1厘米，足径8.4厘米。

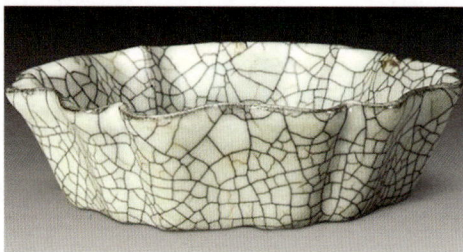

图6-16　哥窑青釉葵花式洗（故宫博物院藏）

【课后训练】

1. 手绘十张中国传统陶瓷器物的造型。
2. 龙泉青瓷中"哥窑"指什么？它的特色是什么？
3. 总结婺州窑的特色。

扫二维码观看教学视频

36.解读陶瓷专题文化

任务二　解析陶瓷工艺

【任务简介】

本任务要求学生接触陶瓷制作的工艺。了解陶瓷制作的各种泥料、不同的成型技法要求、陶艺装饰的基本方法、烧成工艺等，用一种或综合方法进行创作。

【任务目标】

本节学习重点是对陶艺制作及装饰进行基础训练。

本节学习难点是掌握陶瓷制作工艺，选择适合的方法去创作陶艺作品。

【本节内容】

一、陶艺泥料

常用泥料分为瓷土、陶土和特种土。瓷土的烧成温度达到或超过1200℃，质地致密，不渗水，是优良的陶艺制作材料。陶土的烧成温度不高，一般为800~1000℃。

二、陶瓷产品的成型方法

（一）准备工作——揉泥

揉泥目的主要是去除泥料中的气泡和杂质，防止烧成过程中气泡中的气体升温而引起炸坏。揉泥的方法基本上有两种：螺旋形揉泥法（图6-17）和羊角形揉泥法（图6-18）。

图6-17　螺旋形揉泥法

图6-18　羊角形揉泥法

扫二维码观看教学视频

37.国家级技能大师占绍林工作室
揉泥教学

（二）成型方法

1. 捏塑成型法

捏塑成型法可以与泥条盘筑法、泥板成型法或者模具成型法混合在一起进行创作。应注意，在捏制的过程中，坯体容易开裂，最常见的原因是人的手太热，还没捏完，泥料就已经干了（图6-19、图6-20）。

图6-19　用海绵打湿器皿的口沿

图6-20　捏塑

2. 拉坯成型法

（1）找中心。将揉好的泥块摔向轮盘中心，开启拉坯机，手臂发力，双手平稳地将泥块塑成圆锥形，左手掌放在泥块顶端，握住泥块八点的位置，朝中心方向下压泥块直至泥块处于轮盘正中央。若泥块不再摆动，说明已处于中心位置（图6-21）。

（2）开泥。左手中指放在轮盘中泥块的中心处下压，右手伏在左手上保持稳定，压至底壁距轮盘2cm左右时加宽开口（将泥块发力拉向自己）使内轮廓呈"U"型。

（3）提泥。左手放入器内辅助右手，右手食指弯曲用力，进一步向上提泥，将泥块提至器壁上下厚薄一致的圆柱状。

（4）拉坯成型。提泥时要匀速，保持泥块始终处于轮盘中心。拉出想要的坯型后，要将坯体从轮盘上取下，方便继续拉坯工作。

（5）修坯。一般器皿需借修坯修出底足、子口等，并根据设计图纸上外轮廓线的变化，加强坯体外壁细小凹凸的修整。大件器皿采用分段拉坯成型，在修坯时，需要将分段拉的坯体修整好黏在一起（图6-22）。

图6-21　找中心

图6-22　修坯

扫二维码观看教学视频

38.国家级技能大师占绍林工作室拉坯教学

39.陶艺制作拉坯成型技法

3. 泥板成型法

首先，将所需的泥板一次擀好，确保所有的泥板干湿程度一致，如图6-23所示。将各块泥板黏合在一起（图6-24）。最后，再将其拼合起来。搓一根软泥条，用它将坯体内部的接缝堵死（图6-25）。

图6-23　擀泥片　　　　　　　　图6-24　黏合泥板　　　　　　图6-25　嵌缝

4. 泥条盘筑法

采用泥条盘筑法制作作品时，必须确保泥条之间牢固黏结。无论使用圆泥条还是扁泥条制作作品，最重要的是让所有的泥条都保持同样的粗细和外形。

5. 注浆成型法

注浆成型法所需工具和材料主要为石膏制作的模种和调和好的泥浆，用皮筋将中空石膏模具组合绑扎好，然后将调和好的泥浆快速倒入模具中，倒满后静置片刻，待泥浆在石膏模具器壁上凝结一定厚度时，将剩余泥浆倒回泥浆桶内，并将整个石膏模具置干燥处晾干，解开绑扎物，移开外部石膏模具，便可获得完整的陶瓷器物了。在后期修整时，将多余的注浆口和器体两侧的合模线用刀切割磨削掉，整体打磨后便可进行装饰施釉烧造成型（图6-26）。

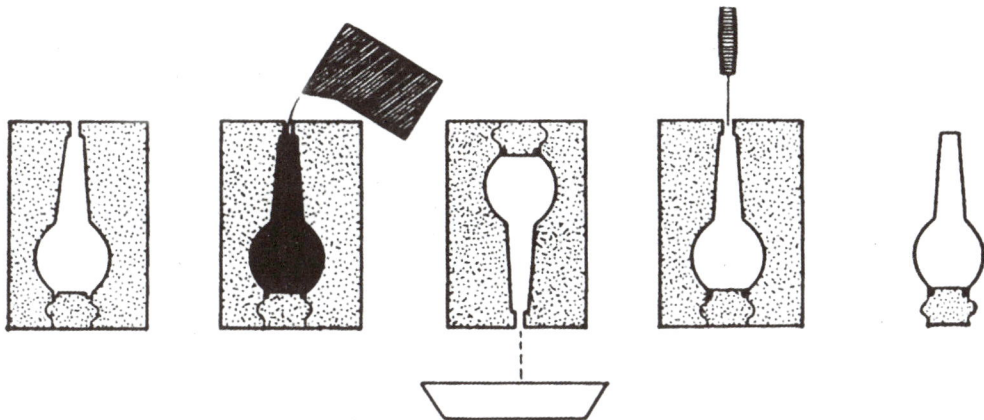

图6-26　石膏模、注浆、出浆、修坯、注件

6. 印坯成型法

通过印按等手法将泥板深入到模具的凹凸各部位，与石膏外模紧密结合，这种成型方法就是印坯成型法。

7. 机压成型法

将石膏模具置于压坯车的转轴中心位置，放入适当大小的泥块后，将装有辊头的压坯杆压下。石膏模具随着轴承快速转动时，泥料会在辊头的压力作用下，均匀地沿石膏模具内壁成型，抬起压坯杆，用金属切割线将模具口多余的泥料整理干净，晾干模具后，即可获得完整的陶瓷造型（图6-27）。

图6-27　机压成型法

8. 陶瓷3D打印成型法

3D打印用的陶瓷粉末是陶瓷粉末和某一种黏结剂粉末所组成的混合物。由于黏结剂粉末的熔点较低，激光烧结时只是将黏结剂粉末熔化而使陶瓷粉末黏结在一起。在烧结之后，需要将陶瓷制品放入到温控炉中，在较高的温度下进行后期处理。目前，陶瓷直接快速成型工艺尚未成熟，国内外正处于研究阶段（图6-28）。

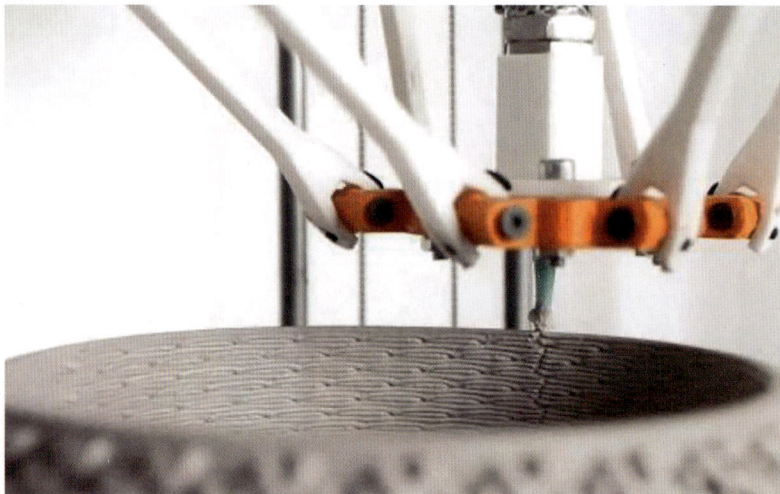

图6-28　陶瓷3D打印成型

三、陶艺装饰

（一）施釉装饰

1. 釉的分类

釉是熔融在陶瓷制品表面上一层很薄的均匀的接近玻璃的物质，就像一层保护衣一样附着在坯体的表面。色釉是在基础釉中加氧化金属发色剂而产生的。

根据釉的烧结温度，把釉分为低温釉、中温釉、高温釉三种；从釉烧成的表面效果来看，可以分为有光釉和亚光釉以及无光釉；依照原料的不同，可以分为土釉和灰釉。另外，还有现代陶艺经常使用的色料和化妆土等。

2. 施釉技法

施釉前要对坯体的表面进行清洁处理，可以用空压机产生的压缩空气进行吹扫，或者用海绵浸水在表面湿抹，这一过程叫作补水。

（1）浇釉。浇釉就是把釉浆浇在坯体的表面。左手托住坯体，右手拿盛满釉料的勺，均匀地浇于造型表面。

（2）浸釉。将干燥的或者素烧过的坯体浸入釉浆中，使坯体表面均匀上釉。

（3）喷釉。喷釉是利用压缩空气通过压力使釉呈雾化状态，使之黏附于坯体表面，其优点是厚度均匀，适合批量生产需要。喷釉时坯体要匀速转动，以保证坯体表面釉层厚度的均匀。握枪的角度和与陶瓷之间的距离都会影响釉料的覆盖范围（图6-29）。

图6-29　喷釉

（4）荡釉。一些生活陶艺，如花瓶的内空壁面，要进行荡釉处理。将釉料倒入坯体以后要双手握住坯体来回摇动，使釉浆旋转，充满坯体内壁各部分。达到一定时间后，要将多余釉料倒出。

（5）刷釉。刷釉一般使用排笔或毛笔，根据设计需要刷出直面或曲面。

（6）复合施釉法。复合施釉法就是在一件陶艺作品中综合使用多种方法施釉，表现出丰富的装饰效果。

（二）彩绘装饰

彩绘是陶艺的一种重要的装饰手法，分为釉上彩和釉下彩等形式。

1. 釉上彩

釉上彩是用各种彩料在已经烧成的瓷器釉面上绘制各种纹饰，然后二次入窑，低温（600~900℃）烘烤固化彩料而成，通常包括彩绘瓷、彩饰瓷、青花加彩瓷、五彩瓷、粉彩瓷、色地描金瓷及珐琅彩等（图6-30）。

图6-30　雍正珐琅彩釉上彩

2. 釉下彩

釉下彩是在干坯上用毛笔蘸上釉料进行绘制，然后喷上透明釉入窑，高温一次烧成，烧成后的图案被一层透明的釉膜覆盖在下边，表面光亮柔和，显得晶莹透亮。青花瓷器主要是运用钴料进行绘画装饰的釉下彩瓷器（图6-31）。

图6-31　青花穿凤花纹玉壶春瓶釉下彩

（三）色料装饰

色料装饰即利用化妆土进行装饰。瓷器上用化妆土始于西晋时期浙江的青瓷装饰，婺州窑首先成功使用化妆土（图6-32）。

（四）模印装饰

模印装饰就是利用模型在未干的坯体上印制图案，也可以用带纹样的印或绳子及其他工具印出纹样。将装饰纹样用泥巴做成浮雕形式，然后翻模印坯，再黏接于泥坯造型之上，这也是一种模印装饰方法。

图6-32　化妆土装饰

（五）堆塑装饰

堆塑就是在未干燥的坯体上进行塑造装饰，类似于浮雕装饰。有时还能做出高浮雕或者是圆雕的效果，立体感强，自然生动。婺州窑瓷器的堆塑装饰工艺，早在东汉及三国时期就已相当成熟，当时婺州窑的窑工就能用捏塑、刻划、堆贴、镂空等技艺在谷仓、魂瓶等器物之上堆塑出房屋、人物、动物。这些堆塑作品不仅造型逼真，形象生动，而且场面宏大，气势磅礴，令人叹为观止（图6-33）。

图6-33 北宋婺州窑堆塑瓷瓶

（六）刻坯装饰

刻坯装饰即"半刀泥"，是青瓷装饰的一种工艺，是宋代龙泉窑装饰技艺的主要方法，独树一帜，精彩纷呈。图案纹饰简练明快、变化，虚实相间，图案有凸起之感，刀法灵动跳脱，奔放潇洒，轻快酣畅，如行云流水，可谓鬼斧神工。如图6-34所示，葵口碗有"如冰似玉"的艺术效果，为当时陶瓷装饰的一种主流。

图6-34 南宋牡丹纹葵口碗

（七）贴花装饰

釉下贴花，就是将贴花纸平铺在干燥的坯体表面，用笔刷蘸水刷平，将带有贴花的部分黏附于坯体上，然后将衬纸揭下来，完成上釉（图6-35）。

（八）镂空装饰

镂空是用特制的金属工具在干坯上镂雕出装饰图案，具有通透的艺术效果，真可谓巧夺天工（图6-36）。

图6-35 釉下贴花（刷平）

四、烧成工艺

1. 第一次烧制素烧装窑

在第一次烧制（素烧）时，可以通过分层堆放来有效利用窑内空间，保证陶器间隙宽松，因为烧制过程中，张力过大会导致裂纹。窑内温度达到300℃之后，再关闭封门，并用塞子塞住所有的孔。只有等到窑内温度冷却到100℃以下，戴上隔热手套，才可以拿出陶器。陶器烧制后颜色会发生改变，并且略微缩紧，陶器收缩后，彼此之间空间增大，素烧过后非常适合上釉。

图6-36　明代龙泉窑青釉镂空瓶（国家博物馆藏）

2. 第二次烧制上釉后装窑

上釉后装窑，素烧后的陶器内外都覆上一层粉状釉料，在二次烧制后就会发生变化。

【课后练习】

1. 烧制试片，计算收集泥料的收缩比。
2. 了解陶瓷产品生产的工艺程序。
3. 对上述陶瓷制作的各种手法进行训练。

扫二维码观看教学视频

40.陶艺制作装饰技法

41.义乌工商职业技术学院创意
设计学院课堂教学陶艺技法

第二节　设计创新构方案

任务三　元素提炼运用

【任务简介】

本任务要求学生学习陶瓷产品造型基础理论知识，了解其造型的本质和特征，掌握其造型艺术特点，以及由这些特点所形成的一些特殊规律。本节以咖啡具和茶具装饰为载体，完成一套设计草图绘制。要善于抓住所设计造型的侧重点，根据不同的要求进行设计。

【任务目标】

本节学习重点是掌握陶瓷产品的造型与特点。

本节学习难点是对陶瓷茶具（咖啡具）进行创意性的图样设计与绘制。

【本节内容】

一、陶瓷造型设计的构成要素

陶瓷产品的外观形态是由最基本的点、线、面、体所组成。直线给人的视觉印象是简单、明了、规整、严格、直接、强硬、安定等多种感受，如江苏宜兴紫砂陶器的四方茶壶是比较典型的举例。曲线给人的视觉印象是柔和、流畅、起伏、摆动、饱满、委婉等多方面的感受，如图6-37所示为曲线造型的器皿。

器皿造型的形体转折线是最显著、最明确的线，通常称为线角（图6-38）。从面的角度来说，是两部分形体的表面呈一定角度时，相交而出现的线称为线角。软线

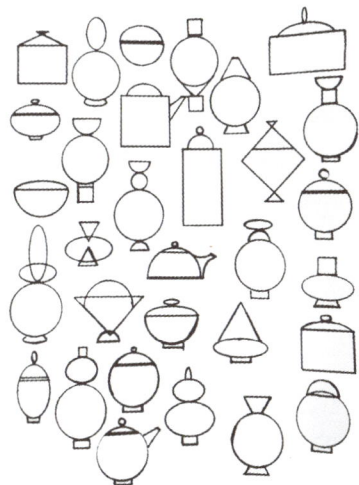

图6-37　曲线造型的器皿

角处理会有含蓄柔和的效果，用硬线角形成明确清晰的效果。

首先，陶瓷器皿的夹角切忌过小。如果夹角小于30度时，会使烧制难度大大增加。在干燥过程中，过小的夹角容易使泥坯开裂。其次，有的茶壶壶盖是四陷的造型，如果这个四陷的角度过小，在使用过程中会给清洗带来麻烦。最后，过小的夹角如果出现在茶壶壶嘴与壶体的结合中，将会在光线的照射下形成难看的死角，影响整体的形态美感（图6-38）。

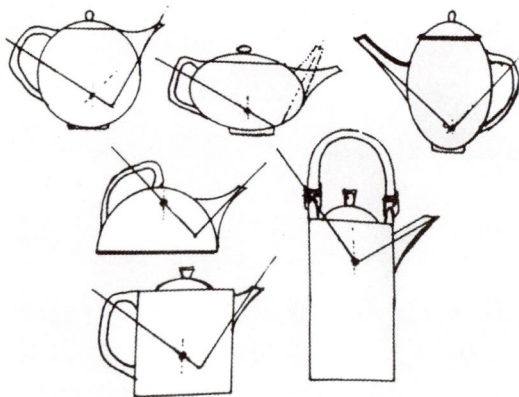

图6-38　线角

二、陶瓷产品造型形式美的法则

1. 和谐

在陶瓷产品设计中，和谐是相互差别的线型或形体。壶体造型不可过大或过小，受其所配茶杯的数量、大小决定。过大或过小的茶壶与茶杯配合，会显得头重脚轻，毫无美感。

2. 平衡

在陶瓷造型设计中，平衡包括两个方面：

（1）造型的实际力学上的平衡，影响形式美观。

（2）造型的视觉心理上的平衡，组合的造型，虽各部体量大小不同，但由于重心位置居中，同样获得平衡的效果。

3. 韵律

韵律是人们的视线沿着形体表面蜿蜒起伏，在整个运行中给人一种愉悦的感觉，并形成特有的美感。

4. 力度

力度是指一件作品在视觉上和心理上使人感到力量的程度。例如，石榴尊造型是以扩张力为主，饱满有力，形成较大体量，从局部开始逐渐加强收缩力，一张一收，使造型收放有致，变化适度，造型达到和谐美满。梅瓶造型重心较高，表现出的最大特点是一种上升感，挺拔秀丽、峻峭有力，而毫无瘦弱之感，恰似人的品格。

三、陶瓷产品的造型与特点

1. 杯类造型

杯类是用来盛装液体。日常生活中，杯子完全是用来盛装水、酒或其他饮料等液体。从造型角度上，分为直筒形杯、喇叭口形杯、鸭蛋形杯、半圆形杯等。

2. 壶类造型

这里所说的壶的概念，是指现代生活中所使用的陶瓷器具，由主体造型、盖子、壶嘴、把手等几部分组成。在配套茶具或咖啡具中，壶是最主要的一件。壶的造型起主导作用，确定整套造型的基调。

处理好壶体与盖子、把手和壶嘴的关系，包括形态、比例之间的协调，空间关系的适度，整体的统一，要在合理的造型结构中，寻求新的形式和风格。注意"三点一线"和"三山齐平"。所谓"三点一线"，是指平视一把壶的壶嘴、壶纽和壶把，三者在一条直线上，不偏不倚。所谓的"三山齐平"，是指把壶盖取下，将壶倒扣在桌面上，壶嘴、壶口、壶把正好在一个水平面上，不翘不晃。

例如，四合壶、奖杯壶、冬瓜壶等都属于高低居中类型的；紫砂茶壶则以矮型的居多；现代茶具和咖啡具有很多是属于高型的。

四、茶具（咖啡具）的草图设计与制作

在设计中，茶具（咖啡具）的实用功能首先要明确是干什么用的，如何使用，给什么人用，要与使用对象、生活环境、生活方式、使用要求和习惯爱好联系起来，让造型、装饰与环境和谐统一。

在进行陶瓷产品设计之前，应就产品需求的情况进行市场调查，了解各类陶瓷产品销售情况，收集消费者的意见，可以对不同产品的价格、销售数量等进行数字统计。此外，还要对不同材料及加工工艺进行资料搜集，这样有利于对陶瓷产品的设计进行比较、借鉴。

在了解生产条件和调查市场需要的基础上，必须再进行全面综合分析，设计者须立足于对已有产品的冷静分析和判断，找出该产品存在的不足并加以改进和创新，同时要研究国际上最新的趋势，功能上的优点加以保留，在判断分析的过程中，要尽量多地提出方案，以供选择，只有这样，才有利于新产品的设计和研发。

设计草图阶段是通过上述阶段的分析，选定目标，归纳出几项突出而重要的问题，然后，把各种解决方法通过不同形式进行组合，并绘制成草图。通过草图绘制出茶具（咖啡具）的各种对应形态，并通过较为详尽的立体草图，提炼出相对完整的方案（图6-39）。

图6-39　绘制草图

扫二维码观看教学视频

42.茶具方案设计构思

五、制图阶段

制图可以被称为正式图纸，是在效果模型测绘图基础上，按一定的规范和方法绘制而成的生产制作图，可作为实施设计、检验设计的依据及存档的技术资料。陶瓷产品的制图主要采用三视图的形式来表达。制图法与图线绘制的规范，基本上是依据建筑制图的规范，以不同的粗细线性来表达各部位间的关系结构，具体制图如图6-40所示。

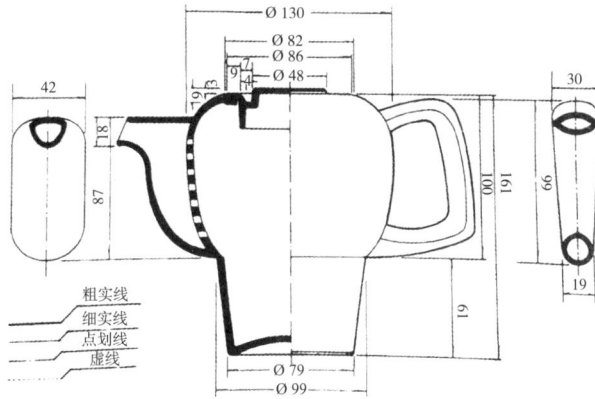

（a）

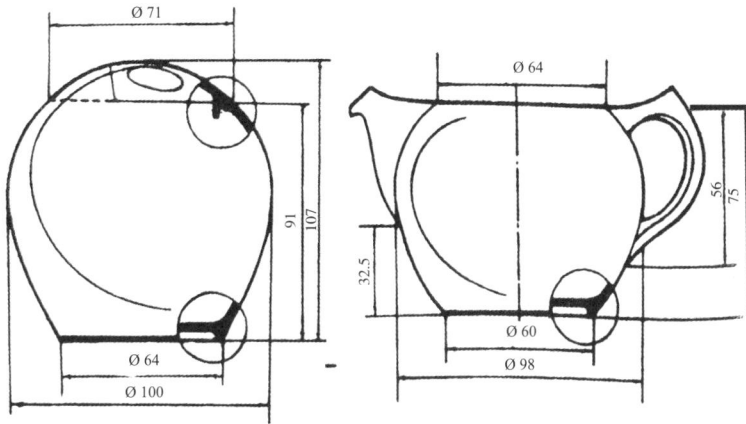

（b）

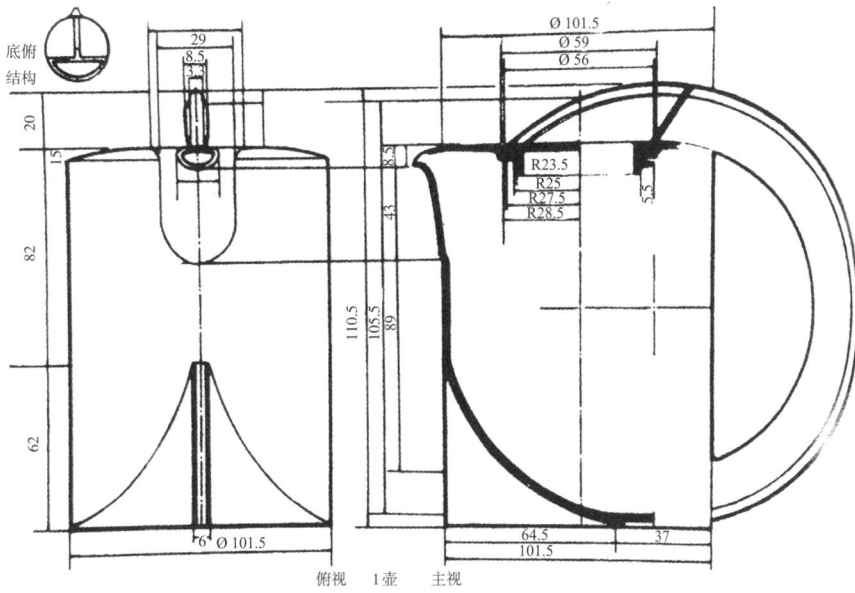

俯视　1壶　主视

（c）

图6-40　正式图纸

【课后训练】

1. 分析陶瓷造型的形式美法则。

2. 请说说壶类造型的特征。

3. 完成一套咖啡具或茶具产品的草图绘制，成套产品要风格统一，给人美的感受。

4. 以学校校庆为题，设计系列陶瓷礼品。

任务四　设计建模渲染呈现

【任务简介】

本任务要求学生通过训练掌握根据上一节的陶瓷产品设计方案建模渲染，深入修改的操作。

【任务目标】

本节学习重点是掌握建模和效果图的制作。

本节学习难点是掌握陶瓷产品渲染的方法。

【本节内容】

一、计算机辅助陶瓷产品设计的优势

使用计算机辅助设计的范围很广，不仅能进行日用瓷设计，而且能进行现代陶艺的创作，如作品可模拟盐烧、釉烧、综合装饰等陶瓷制作效果。当然，陶艺技法中的泥板、泥条、泥片等成形方法在计算机辅助设计中也都可以运用。

装饰设计中，也可以动用贴花、划花、印花、彩绘、浮雕、堆贴等多种手法。计算机辅助设计对陶瓷艺术的创作在表现技法上有诸多的便利性。

在计算机辅助设计中，可以将壶盖、壶身、壶钮、壶把等部件单独成形后任意变形、剪裁、组合，能产生几种意想不到的变化。这样不仅方便了设计，同时提供了许多备用方案。

二、计算机辅助陶瓷产品设计软件中的图形技术

1. 建模部分

建模，是将三维形体描述成计算机可识别的计算机内部虚拟模型。在这里我们采用犀牛绘

图软件，通过对茶杯实例的制作来了解一般实体采用的建模步骤（图6-41）。

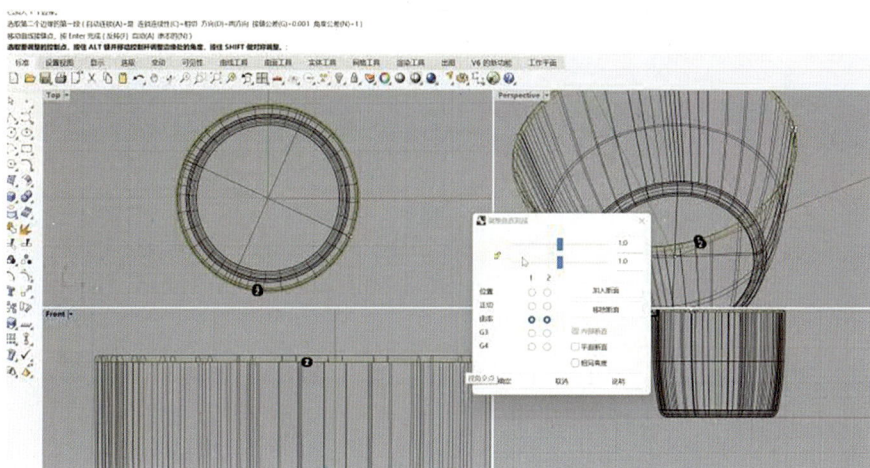

（a）

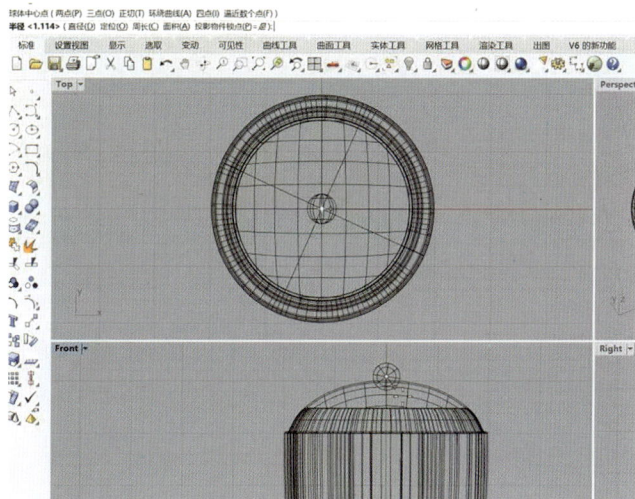

（b）

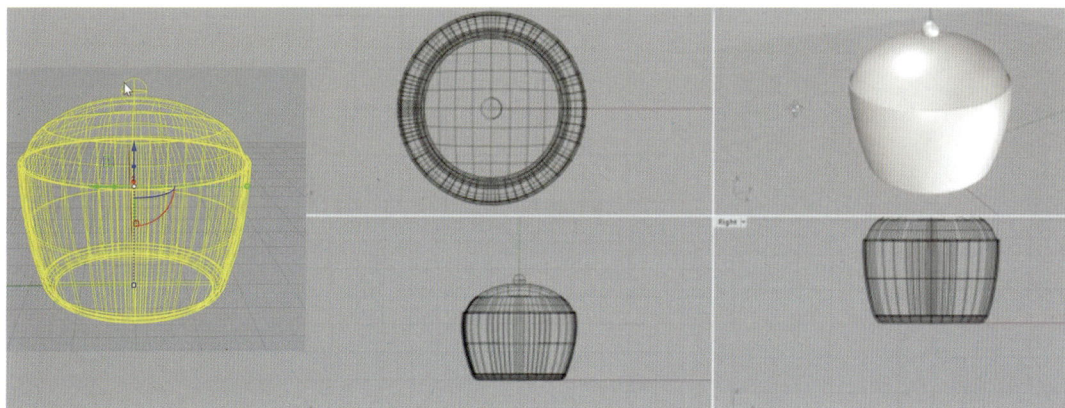

（c）

图6-41 陶瓷罐建模步骤（作者：义乌工商职业技术学院张诚信）

2. 渲染部分

当数字的三维实体模型建立以后，接下来第二步工作是渲染。渲染部分大致包括定义摄像机、定义灯光、定义材质和进行渲染（图6-42、图6-43）。

图6-42　古风茶壶渲染效果图（作者：墨昀）

图6-43　陶瓷罐建渲染效果图（作者：义乌工商职业技术学院梁曦尹）

【课后训练】

　　1. 熟练掌握应用绘图软件的使用。

　　2. 了解陶瓷材质的编辑渲染。

　　3. 用建模软件绘制出一组茶具或咖啡具。

扫二维码观看教学视频

43.茶壶建模案例　　　44.犀牛建模茶叶罐

第三节　设计优化验工艺

任务五　模种及模具的制作

【任务简介】

　　本节通过训练让学生掌握泥雕模型与石膏模种制作、石膏模具等技能操作。

【任务目标】

　　本节学习重点是掌握石膏模具制作方法。

　　本节学习难点是掌握组合零件、模具制作等技能。

【本节内容】

　　陶瓷造型的制作可以通过黏土和石膏两种方式来完成。

一、模种的制作

1. 黏土造型的方法

所谓黏土造型，就是指用陶泥或瓷泥按照生产工业图制作成实心的实物模型，这种模型最终可以用来翻制成石膏模具。

2. 石膏造型的方法

现今最为常用的工业陶瓷造型方法就是石膏造型的方式，石膏造型首先要准备车模机、金属刀具、竹木刀具、卡钳、直尺、三角尺、圆规、砂纸、油毛毡、绳子、毛笔、脱模剂、石膏、黏土等工具设备。然后，按照一定比例将石膏与水调和成半黏稠状态，同时，按照生产工业图的要求将模种机中心的转轴部分包裹上油毛毡，倒入调和好的石膏液，待石膏完全凝固后开动模种机，手持金属刀具对圆柱筒形的石膏块进行旋削，造型细部完全旋制好以后，再用细砂纸加水将石膏模具仔细地打磨光滑。后期修正掉石膏模具因气泡而产生的凹凸点状缺陷，微调壶嘴、壶把等细小配件的连接部位等（图6-44）。

图6-44　车模机制作的石膏模种

二、石膏模具的制作

无论是黏土成型还是石膏成型，其成品都被称为"模种"，这些"模种"需要经过"翻模"的工序才能够表现出它的价值。所谓"翻模"，就是指利用"模种"制作出一个中空的石膏模具。在制作中空模具时，首先用铅笔在"模种"上画出等分的"分模线"，然后用黏土将"分模线"的一侧完全遮挡住，在另一侧上均匀地刷上脱模剂，并用黏土在外沿部分作出一个矩形的泥板遮挡墙，再用调好的石膏液倒在用泥块做成的围合空间中，待石膏凝固后，再用相同的方法把合模线的另一侧外模制作出来。最后，将做好的整套石膏模具放到清水中冲洗，从外模中将模种取出，晾干外模，就可进行陶瓷产品的批量化制作和生产了（图6-45~图6-47）。

图6-45 制作石膏磨具

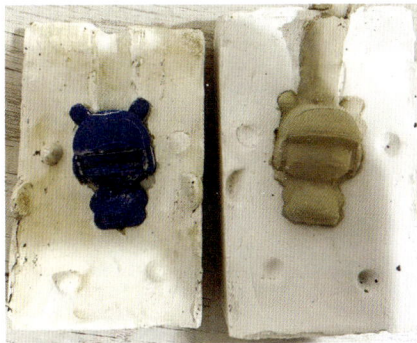

图6-46 石膏模具与陶瓷产品制作（作者：张诚信）

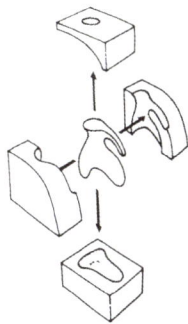

图6-47 模具制作

【课后训练】

制作石膏模型并翻制出磨具。

任务六 注浆翻模验证

【任务目标】

本节通过训练，让学生了解注浆成型、粘接、修坯、施釉的工艺流程。

【任务目标】

本节学习重点是掌握注浆的工艺程序。

本节学习难点是掌握制作的工艺与操作细节。

【本节内容】

了解并完成上述第五个任务是产品制作成功的必要前提，产品的实际制作从这道工序才真正开始。它较之前的工序条件要复杂得多，需要注意的工艺细节也很多。将泥浆注入模型中，待泥浆在模具中停留一段时间而形成所需的注件后，倒出多余的泥浆，随后带模干燥，待注件干燥收缩脱模后，取出注件。

一、注浆翻模工艺程序

1. 成型

成型注浆时，首先将模型的工作面清扫干净，不得留有干泥或灰尘。装配好的模型如有较大缝隙，应用软泥将合缝处的缝隙堵死，以免漏浆。模型的含水量应保持在5%左右，过干或过湿都易引起坯体的缺陷。对于茶壶与咖啡壶一类构件较多的产品，仅注浆成型还远达不到成品要求，在这之后还有壶嘴、壶把的黏接修坯等多道复杂工艺。

注浆又分为空心注浆和实心注浆，其流程如下：

空心注浆：组装模具→调泥浆→注浆→吸水→倒出余浆→脱模→粗修→干燥→洗水→施釉→检验。

实心注浆：注浆→吸水→脱模→干燥→修坯→洗水→施釉→检验。

2. 黏接

黏接是制造壶、杯、有些小口花瓶等日用瓷和不能一体成型的坯体所必须经过的工序，黏接过程是指用一定稠度的黏接泥浆各自成型好的部件黏接在一起。例如，壶嘴与壶身的黏接有以下几个方面要注意：

（1）各部件的软硬程度及含水率。在黏接时，各部件的软硬程度并不强求一致，但是含水率尽量接近。一般来说，零件坯件要比主体坯件稍硬一些，以防止变性，但也不能相差太大；否则，会因含水量不同而收缩不一致，引起裂坯缺陷。实践得到的经验是，两者之间水分含量相差不应超过2%~3%。

（2）黏接泥浆。黏接泥浆一般和坯体的组成一致，这样才不会导致裂纹。

二、常见问题及解决方法

1. 坯体的外表面上有孔洞（图6-48）

（1）形成原因。模具设计有问题，浆口太小，还没等注浆完成注浆口，就已经被泥浆堵死。上述情况还可能导致注浆坯体的厚度不均匀。

（2）解决方法。重新翻模具。将注浆口设计得大一些，以确保泥浆能够顺利出入。

图6-48　坯体的外表面上有孔洞

最好从注浆口的正中心倒泥浆，这样做，可以确保泥浆均匀分布在模具中的各个部位。

2. 模具拼合缝隙清晰可见（图6-49）

（1）形成原因。模具的拼合缝隙太大；或者注浆后，未能将残留在拼合缝隙里的泥清理干净。

（2）解决方法。尽量把模具设计得严丝合缝，确保将石膏模具捆绑牢固。注浆之前，先把模具的外表面仔细清理一遍。

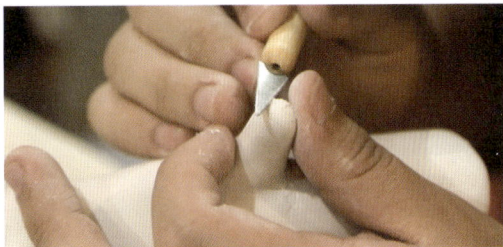

图6-49　模具拼合缝隙清晰可见

3. 坯体的外表面上有线形痕迹（图6-50）

（1）形成原因。在注浆或出浆的过程中，由于操作不当号致空气进入泥浆与模具之间的缝处，进而形成线形痕迹。倒浆速度不稳定，注浆泥浆大过黏稠，模具的外面上有孔洞。

（2）解决方法。一边转动模具，一边匀速出浆。出浆时，可以把模具彻底倒扣过来，或者使其呈一定角度。后期补救：先将线形痕迹擦抹平路，然后借助海绵将器皿的外表面仔细地修整一遍；或者可以等坯体彻底干燥之后，再将有问题的部位打磨平整。

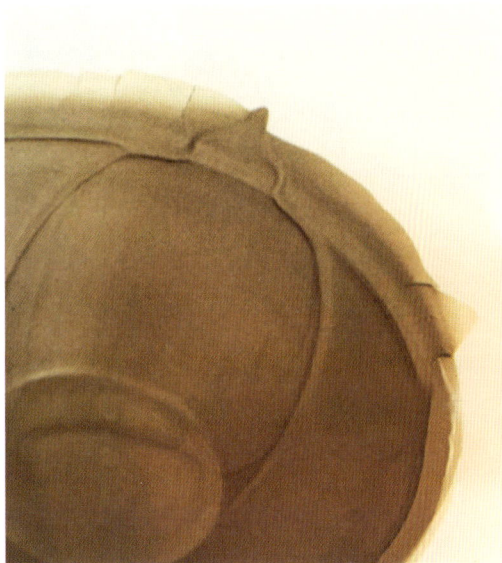

图6-50　坯体外表面上有线形痕迹

【课后练习】

请同学熟悉注浆成型、黏接、修坯的工艺流程。将石膏模具翻制出陶瓷素坯后进行黏接。

扫二维码观看教学视频

45.茶具方案工艺实操流程

46.陶艺制作注浆化型法

第四节　设计转化评作品

任务七　陶瓷礼品设计评价

【任务简介】

本节通过学习，让学生掌握陶瓷产品设计方案评价的主要指标及评价的基本原则，了解陶瓷产品质量要求。

【任务目标】

本节学习重点是了解陶瓷产品质量要求。

本节学习难点是用质量标准评价陶瓷产品。

【本节内容】

一、陶瓷产品内在质量标准

陶瓷产品的内在质量主要指吸水率、热稳定性和含铅量等是否符合《日用瓷器》国家标准中规定的要求。

二、陶瓷产品外观质量标准

陶瓷产品主要是产品表面的光泽度、白度、色差以及规格等和允许的常见缺陷范围。

1. 釉色色差

白瓷白度、釉面光泽度（雾光釉除外）及成套产品的釉色色差应符合规定。

2. 技术标准

产品按国家技术标准分为优等品、一等品、合格品共三级，每一级都规定有不同的缺陷允许范围。

3. 产品规格误差

（1）口径误差：口径等于或大于60mm的允许误差为1.5%，口径小于60mm的允许误差为2.0%。

（2）高度误差：±3.0%。

（3）质量误差：±6.0%。

（4）有盖产品盖与口基本吻合。壶类在倾斜70°时，盖子不许脱落。当盖子移动时，盖子与壶口的距离不得超过3mm。壶嘴的口部不得低于壶口3mm。

（5）成套产品要求配套无差错，花面色泽要求基本一致。

（6）优等品的釉面、花面、口、底（沿）基本光滑。

（7）底部标志（指商标图案和文字）应正确、清晰，不得明显歪斜与偏心。

（8）产品外观质量标准中共分24种缺陷，如变形、起泡、黑点、缩釉等。在处理时，必须认准对号入座。

（9）分辨各产品种类和形式（即大、中、小、碗、盘、杯、壶）。

（10）产品上不允许有炸釉（缺釉）、磕碰（毛沿）、裂穿（坯爆）和渗漏缺陷。因为存在这些缺陷的产品都不能使用。

（11）产品还有显见面和非显见面的区别。例如，碗、杯的内外表，壶、壶盖的外表，盘的仰表面，称为显见面，其余部分均称非显见面。显见面和非显见面的区分，主要因为有些缺陷处在非显见面时，可在标准规定允许的缺陷范围内将幅度增大。

（12）产品外观质量分等级，须符合下列要求：优等品每件产品不得超过2种缺陷；一等品每件产品不得超过4种缺陷；合格品每件产品不得超过6种缺陷。

【课后训练】

请同学们以小组为单位，与其他组交换作品进行设计评论与分析。

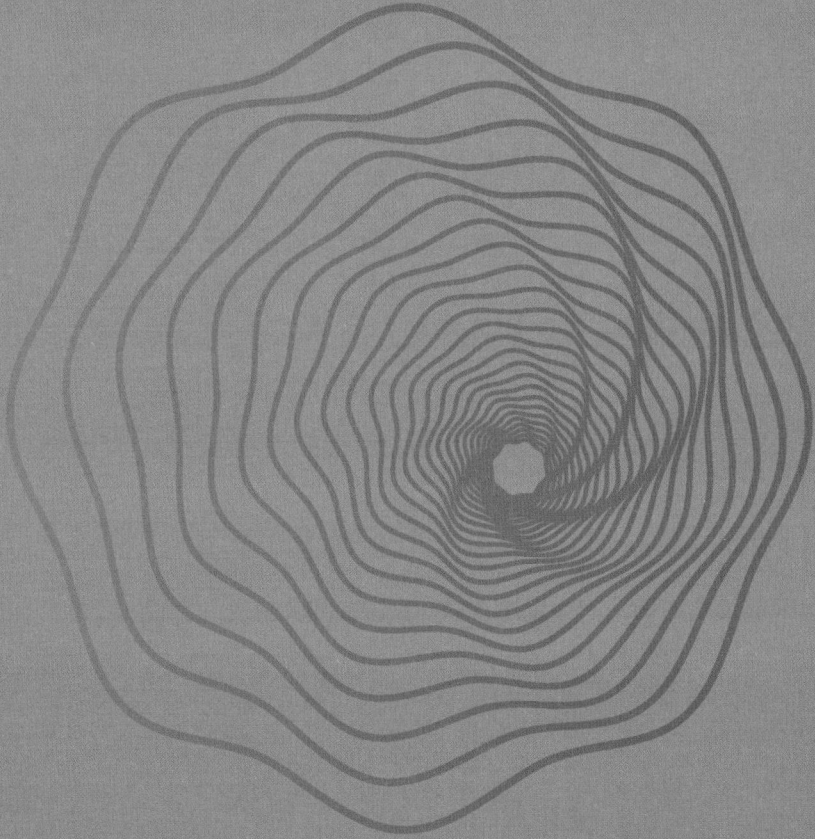

第七章 案例赏析

本章内容为时尚礼品设计案例赏析，如图7-1～图7-20所示。

提摩西小队系列

设计说明

　　每年中秋节都会在网上流传的"兔兔月饼工厂"动图，这些可爱的小兔子就是提摩西小队。提摩西小队由五只爱吃提摩西草的兔子组成，分别是屎蛋（栗色道奇）、蛋丸（银灰）、一粒（黄黑，黑色少）、二粒（黄黑，黑色多）、三粒（栗色）。我们可以看出，每个IP都有自己的名字以及人物性格，使消费者更容易理解和喜爱这些小动物。

产品实物展示

产品尺寸

图7-1　树脂礼品：提摩西小队系列潮玩设计

图7-2 树脂礼品：十二生肖崽崽潮玩设计

设计说明

随着国潮文化的兴起，潮玩作为传统文化表达的新方式，它深入到生活中的方方面面。上古传说系列就以山海经为设计提取中国传统文化中的神兽、与山、云纹、花卉、造型优美的小女孩结合进行设计。

产品打样

这件作品在设计上增加了很多复古的纹样，在打样的时候选择使用雕刻油泥为呈现方式，展示毛发等产品上的细节。

包装设计

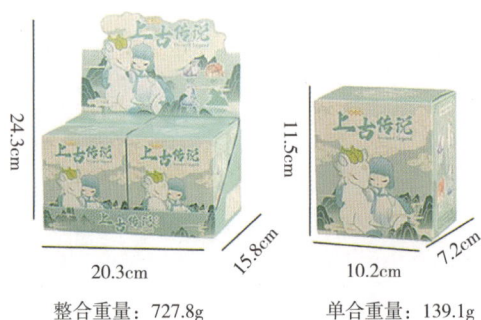

24.3cm
20.3cm
15.8cm
整合重量：727.8g

11.5cm
10.2cm
7.2cm
单合重量：139.1g

图7-3　树脂礼品：上古传说潮玩设计

镜面兔

挂包扣

产品实物效果图：

产品效果图：

好运连连兔

所遇皆甜兔

心想事成兔

快乐加倍兔

功能介绍：

开合结构
内置镜子

可以活动

漂浮的珍珠

包装方案：

不同包装盒内部装有幸运签，在拆包装的过程有点像抽签的感觉，增加了情境，提升了用户交互体验。

盲盒包装设计，不同造型代表不同寓意，提高用户购买欲望

展示包装集包装与展示功能于一体，方便展会展示销售和批量化售卖。

图7-4　树脂礼品：镜面兔挂包扣

大展宏兔 HONG HONG
系列钥匙扣

设计说明：

　　宏宏的形象是以航天员为原型并加入了中国神话中的玉兔形象而设计的IP形象。宏宏从小就向往着在星空中遨游，他长大后也如愿所常的成为一名优秀的航天员，他擅长捕捉星空中的美，总是带着积极的态度享受在星空中的生活。我们以这个形象设计出了一系列的钥匙扣衍生产品，具有较好的装饰效果和纪念作用。

设计来源

生肖兔年

航空航天

挂包装饰

趣味印章

主题造型——火箭款 Rocket

设计衍生——产品展示

手机壳　　　　　　帆布袋

徽章　　　　　　纪念牌

形象延展——钥匙扣设计

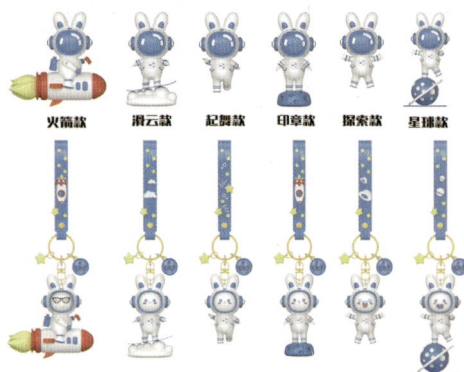

火箭款　滑云款　起舞款　印章款　探索款　星球款

包装展示——实拍展示

图7-5　树脂礼品：大展宏兔钥匙扣

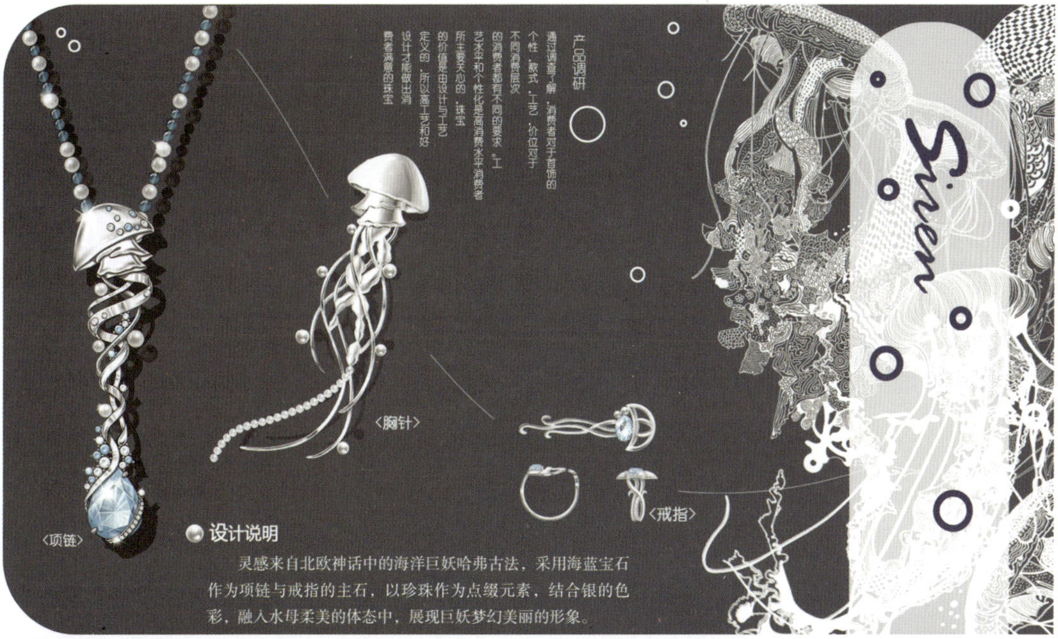
产品调研
通过调查了解，消费者对于首饰的
个性，款式，工艺，价位对于
不同消费层次
的消费者都有不同的要求。工
艺水平和个性化是高消费水平消费者
所主要关心的，珠宝
的价值是由设计与工艺
定义的，所以高工艺和好
设计才能做出消
费者满意的珠宝
Siren
〈胸针〉
〈项链〉
〈戒指〉
设计说明
灵感来自北欧神话中的海洋巨妖哈弗古法，采用海蓝宝石作为项链与戒指的主石，以珍珠作为点缀元素，结合银的色彩，融入水母柔美的体态中，展现巨妖梦幻美丽的形象。

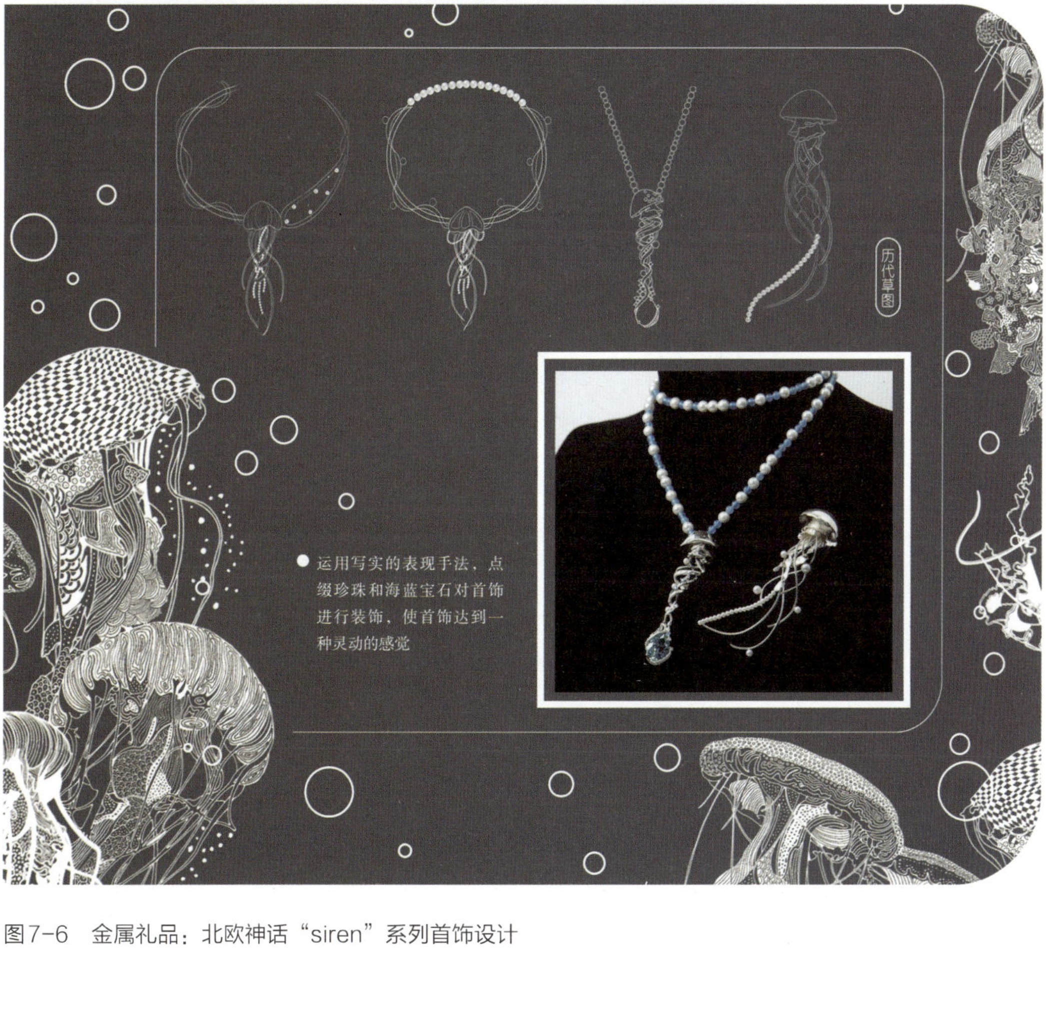
历代草图
运用写实的表现手法，点缀珍珠和海蓝宝石对首饰进行装饰，使首饰达到一种灵动的感觉

图7-6　金属礼品：北欧神话“siren”系列首饰设计

BREATH
IS COMING

小时候总是听人说圣诞之夜如果在壁炉前或枕头旁边放上一只袜子，第二天早上就能收到圣诞老人送来的，长大以后才发现袜子里的礼物其实都是父母准备的。在着手毕业设计的时候刚好马上要圣诞节了，这将是我正式进入社会前的最后一个圣诞节，所以这次我的主题就是"气息降临"乘着节日的气氛浓郁制作一款有圣诞气息的首饰。

项链
Necklace

戒指
Ring

眼镜
Glasses

胸针
Brooch

图7-7 金属礼品："气息降临"圣诞主题首饰设计

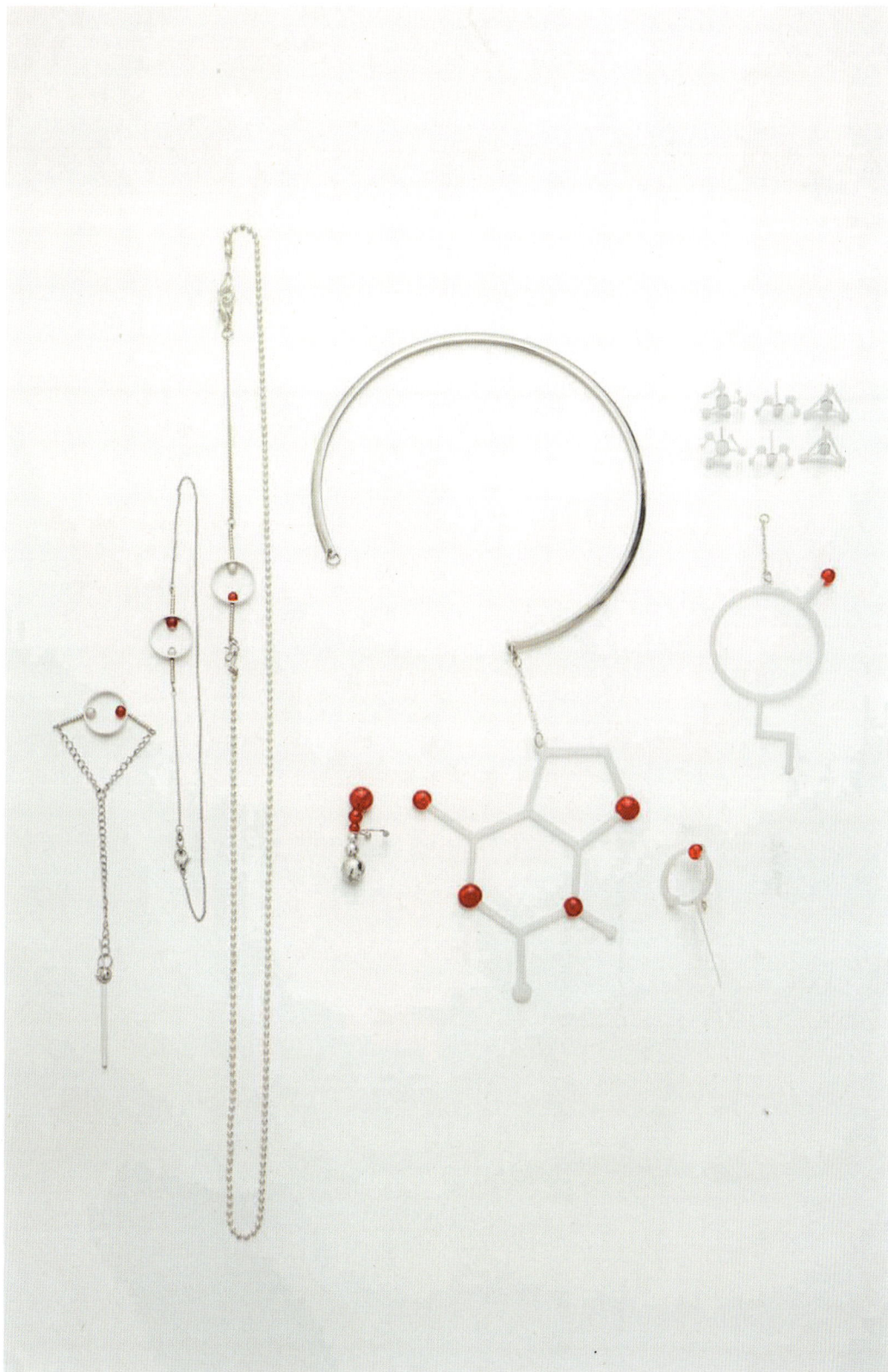

图7-8　金属礼品：玛瑙首饰设计

图7-9　竹编礼品：江南竹篮再设计

竹编存钱罐

设计理念

此竹编存钱罐上半部分用竹编编制而成，下半部分是透明的亚克力板。竹编特殊的编制方式使人可以从任意角度放进硬币。竹编规律而精致的纹理，使存钱罐在不使用时也可以作为一个美丽的装饰物放在桌上，充当装饰摆件。

存钱罐材料选取

细节展示

竹编编织图案

图7-10 竹编礼品：竹编存钱罐

竹编花器设计

草图

竹编工艺历史悠久，是非物质文化遗产，承载着我们的文化

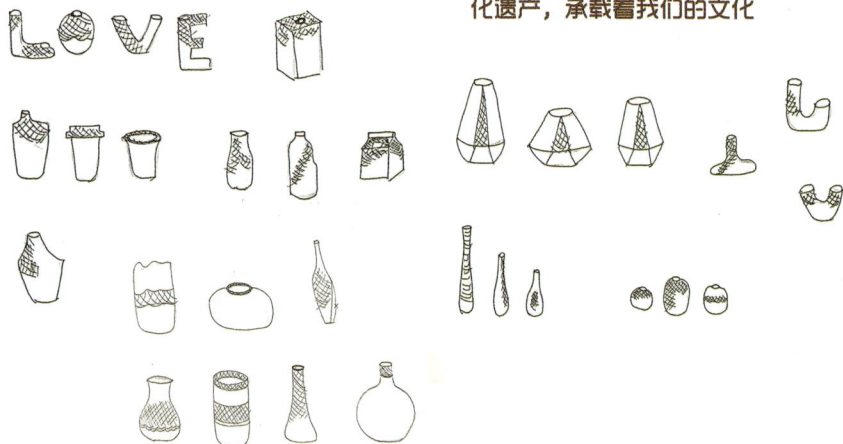

设计说明：以女性穿裙子的曲线构思出花器的曲线，糅合了女性与花器的线条美

带着禅意古朴的气息融入你的小屋

图7-11 竹编礼品：竹编花器设计

谈木集 · 自然造物

wood's word natural creation

观山明月 · 台灯摆件

Mountain and moon Table Lamp

始于心间
终于心意

— 中式高定礼品领军品牌 —

中国人讲究山水的意境、神韵。
移山水之情于案台之上，雅致非常。
铜质触碰式开关，与灯身融为一体。
木质和树脂交手，
勾勒出温润细腻的风景，
充满自然张力，让人难忘的视觉冲击。
成品剔透发亮，
又带着阳光晒过的木质气息，
独特的自然美学融入每一个摆件上，
刹那间的美景成为永恒，
永远凝固在世间。

图7-12 木质礼品：观山明月·台灯摆件设计

图7-13 木质礼品：财源滚滚·万年历设计

谈木集·大国礼赠
Chinese gift box of wood's word

海上花·香插
Hai Shang Hua

始于心间
终于心意

谈木集
—中式高定礼品领军品牌—

低眉持香的金身佛像，稳重刚强，
沉香的烟雾如思绪一般缭绕缠绕，辩证于虚与实、曲与直之间。
花梨木扁舟的一端指向佛身面对的方向，温和而坚定。

图7-14　木质礼品：海上花·香插设计

谈木集
一 中式高定礼品领军品牌 一

始于心间
终于心意

谈木集 · 自然造物
wood's word natural creation

观山流云 · 倒流香器

view mountains
and clouds

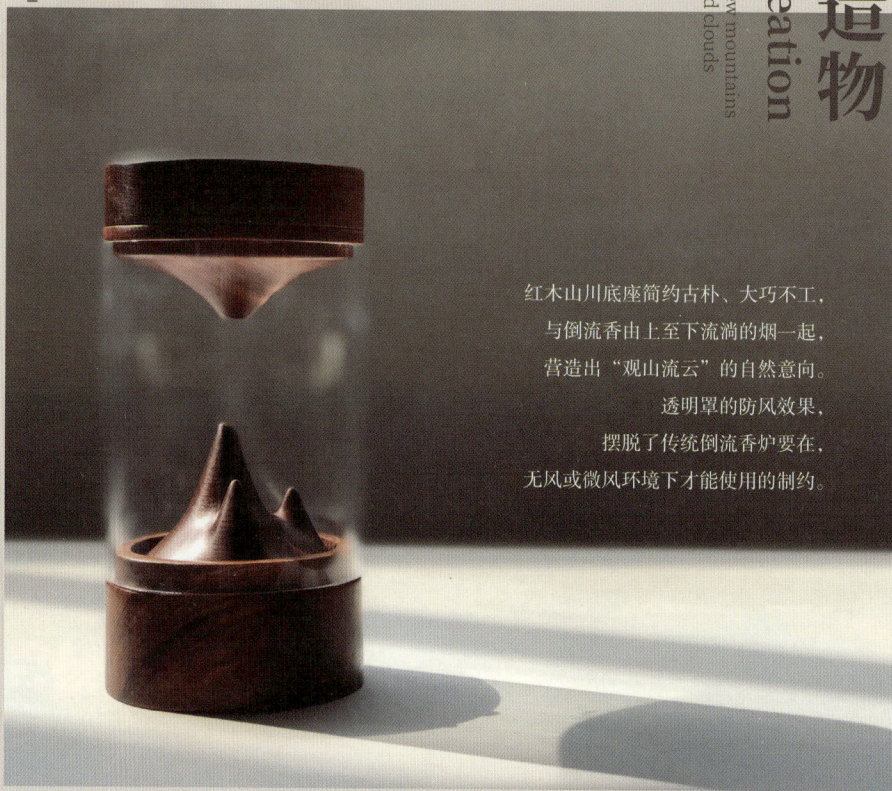

红木山川底座简约古朴、大巧不工,
与倒流香由上至下流淌的烟一起,
营造出"观山流云"的自然意向。
透明罩的防风效果,
摆脱了传统倒流香炉要在,
无风或微风环境下才能使用的制约。

图7-15　木质礼品:观山流云·倒流香器设计

习香能使人神清气爽，心无他物，明心见性，洞彻清识，臻达开悟，证道之境界。

点石成金

心有沉香　何棋浮世

设计说明

　　焚香透过嗅觉将日常生活提升至艺术境界，且充实内在涵养与修为。符合现代人追求的生活美学与讲究个人品位的生活态度。

　　"点石成金"围绕义乌的以前、现在、将来进行设计。搭配沉稳的木质材料，同时加入黄铜材质的香立配件，丰富产品的层次感。

包装展示

多角度展示

使用说明

步骤一：拆开黄铜配件　　步骤二：放入盘香并组装黄铜配件　　步骤三：将组装好的整体放置到香盘

场景说明

　　焚香可以温情热意，品茗焚香，可舒心宁神，增添情趣，营造诗意的生活方式。可放置在书桌、厅堂、茶几上，品茶读书时点上一缕清香，得半日之闲寻一处静谧。

图7-16　木质礼品：点石成金香器设计

拙 朴 素

设计说明：

这款产品是以茶具，用道家文化为主题，分别以三个主题表现——《拙》《朴》《素》。

产品展示：

《朴》为组合型茶盘，集茶台与排水盒于一体，分上下两层，操作方便，功能齐全，自成一体。以竹子的相态文理衬托产品的质朴，保持竹子朴素的自然本性。

《素》也是组合型茶盘，是集茶台与排水盒于一体的茶盘，分上下两层，操作方便，功能齐全。盘底采用竹集成材竹板，盘面以竹片用麻绳编织而成。以朴实素雅成为它的主要气质。

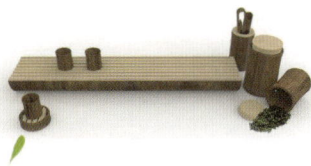

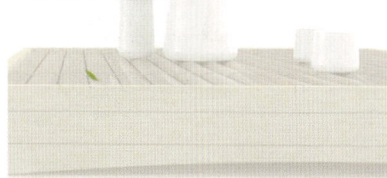

《拙》在硬朗的形体线条上增加了柔和的曲线相接，形态高低错落，质朴厚重。形态虽硬朗，但是有细微的倒角，使它过度细微却不影响整体相态的张力与厚重。

细节展示：

图7-17　陶瓷礼品："拙·朴·素"茶具设计

设计说明

　　"慢品旅茶"一山一水一世界，这套茶具是基于慢设计理念以中国传统茶禅文化与游记经历为依托结合自然元素融于茶具上，希望使用者能够慢下来细细品茶思考给生活增添一份闲情意趣。

纹样元素

产品展示

　　此次茶具设计中将花器、香器、水洗等器具的设计来烘托整个茶席的氛围，茶席用自然朴实的麻布材料手工制成。旅行时的感受结合慢设计以及茶文化的精髓营造山水之间的意境之美，回归生活的本质感。

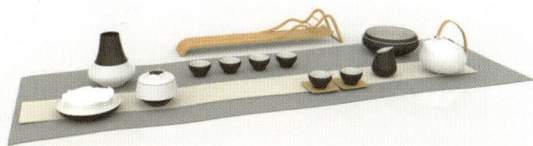

设计呈现

将旅途的元素融入器具中、整体体现山容海纳的情怀，茶壶体现一种稳健包容感其他器具进行主题旅途山水的呼应。

用抹布釉质　　古朴造型及粗陶材质　　花瓣造型为基础　　现代感流畅线条　　莲花禅宗元素　　旅途中大好河山构思

图7-18　陶瓷礼品："慢品旅茶"茶具设计

主题元素

中国古代瓷器上的装饰花纹，不仅题材丰富，技法巧妙，且"纹必有意"，经常有着特殊的寓意。六合是指天地和东西南北，亦泛指天下。六合同春便是天下皆春。民间运用谐音的手法，以"鹿"取"陆"之音；"鹤"取"合"之音。组合起来构成六合同春吉祥图案。鹿纯朴温顺、鹤象征长寿，寓意天下繁荣昌盛、万物欣欣向荣。

设计说明

青花瓷是景德镇的代表符号，也是中国瓷器的主流品种之一，具有着色力强、发色鲜艳、烧成率高、上色稳定的特点。成熟的青花瓷出现在元代景德镇的湖田窑。元青花纹饰最大特点是构图丰满，层次多而不乱。青花的深邃灵动正似丰富的中国文化，沉稳又富有活力，兼收并蓄。

产品尺寸

产品展示图

图7-19　陶瓷礼品："六合同春"茶具设计

快乐夏日·"荷"家欢

——便携式茶具套装

"接天莲叶无穷碧，映日荷花别样红"。品茶是中国人自古以来独有的生活情趣这款茶具的创意和色彩灵感源于江南盛夏的莲叶，正如宋代诗人杨万里诗中有云"接天莲叶无穷碧"。莲叶的意形和青绿的色彩，让人在品茶时体会清凉身心康乐。

细节展示

莲蓬点缀香插　　竖条防滑纹理　　金属旋钮

材质说明

产品展示

荷叶茶壶　　　茶叶罐　　　荷叶杯

功能说明

山形纹理茶盘　　木纹拼接手柄　　便携收纳盒

灵感来源

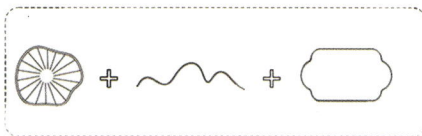

结构说明

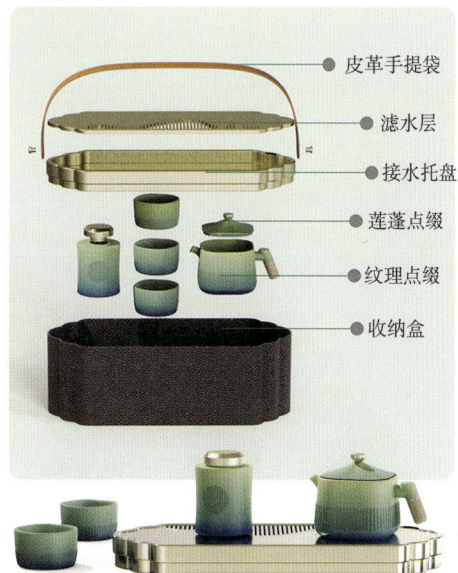

● 皮革手提袋
● 滤水层
● 接水托盘
● 莲蓬点缀
● 纹理点缀
● 收纳盒

图7-20　陶瓷礼品：快乐夏日"荷"家欢茶具设计

参考文献

[1] 黄卓文，阮磊．纸艺城市礼品设计的思路与实践——以杭州城市纸艺礼品为例[J]．包装世界，2012（3）．

[2] 柳璇．基于地域特色的皮具礼品创意设计研究[J]．中国皮革，2022，51（7）：119–122．

[3] 张剑．玩具设计[M]．上海：上海人民美术出版社，2010：14–95．

[4] 孙峰．卡通玩具设计[M]．南京：江苏美术出版社，2006：003–079．

[5] 秦琳．"海洋元素"在现代首饰设计中的应用研究[D]．济南：山东工艺美术学院，2022．

[6] 刘姝妤．珐琅工艺在现代首饰中的应用与研究[D]．北京：中国地质大学，2016．

[7] 徐禹．JewelCAD首饰设计高级技法[M]．北京：中国轻工业出版社有限公司，2017．

[8] 吴冕，刘骁．首饰设计与创意方法[M]．北京：人民邮电出版社，2022．

[9] 琳达·达尔蒂．珐琅艺术[M]．王磊，译．上海：上海科学技术出版社有限公司，2015．

[10] 卢艺，韩儒派．珐琅工艺[M]．北京：人民邮电出版社，2022．

[11] 十三．纹样之美：中国传统图案黑白装饰画教程[M]．北京：人民邮电出版社，2021．

[12] 栗翠，张娜，王冬冬．文创产品设计开发[M]．北京：中国轻工业出版社有限公司，2022．

[13] 潘鲁生，张焱．文化创意产品设计开发[M]．北京：中国纺织出版社有限公司，2021．

[14] 金柏松．东阳竹编工艺[M]．杭州：浙江科学技术出版社有限公司，2016．

[15] 陈国东，陈思宇，傅桂涛．专题设计竹产品认知与创意[M]．北京：中国建筑工业出版社，2019．

[16] 谌涛，汤浩．产品设计[M]．杭州：中国美术学院出版社，2019．

[17] 李程．产品设计方法与案例解析[M]．2版．北京：北京理工大学出版社有限责任公司，2020．

[18] 蔡霞，罗灵，林永辉．设计造型基础[M]．杭州：中国美术学院出版社有限公司，2019．

[19] 吴朋波．旅游纪念品设计[M]．北京：人民邮电出版社，2014．

[20] 帅立功．旅游纪念品设计[M]．北京：高等教育出版社有限责任公司，2007．

[21] 高凤．DK陶艺制作大全华[M]．武汉：华中科技大学出版社有限责任公司，2020．

[22] 远宏，吴咏梅．陶艺基础与创作[M]．北京：人民邮电出版社有限公司，2018．

[23] 雅基阿特金.陶艺师的魔法手册[M].上海：上海科学技术出版社有限公司，2016.

[24] 刘宏伟，李程.陶瓷产品设计与实训[M].沈阳：辽宁美术出版社有限公司，2020.

[25] 孔铮桢，陶瓷造型设计概论[M].重庆：重庆西南师范大学出版社有限公司，2011.

[26] 刘木森，谢如红，张花东.陶艺基础[M].北京：中国轻工业出版社有限公司，2019.

[27] 蒋雍君.陶瓷产品设计师[M].北京：中国劳动社会保障出版社，2016.

[28] 森夏恩科布.陶瓷手工成型技法[M].上海：上海科学技术出版社有限公司，2022.

[29] 夏妍，汪小娇，戴心茹.JewelCAD珠宝首饰设计与表现[M].北京：人民邮电出版社，2016.